建筑垃圾再生骨料在公路工程中的应用

陈 鹏 著

吉林科学技术出版社

图书在版编目（CIP）数据

建筑垃圾再生骨料在公路工程中的应用 / 陈鹏著
. -- 长春：吉林科学技术出版社，2022.8
ISBN 978-7-5578-9832-8

Ⅰ.①建… Ⅱ.①陈… Ⅲ.①建筑垃圾–骨料–应用
–道路工程 Ⅳ.①U41②TU755.1

中国版本图书馆CIP数据核字(2022)第185369号

建筑垃圾再生骨料在公路工程中的应用

著　　　陈　鹏
出 版 人　宛　霞
责任编辑　蒋雪梅
封面设计　优盛文化
制　　版　优盛文化
幅面尺寸　170mm×240mm　1/16
字　　数　200千字
页　　数　181
印　　张　11.5
印　　数　1–1500册
版　　次　2022年8月第1版
印　　次　2023年3月第1次印刷

出　　版　吉林科学技术出版社
发　　行　吉林科学技术出版社
地　　址　长春市福祉大路5788号
邮　　编　130118
发行部电话/传真　0431-81629529　81629530　81629531
　　　　　　　　　　　　　　81629532　81629533　81629534
储运部电话　0431-86059116
编辑部电话　0431-81629518
印　　刷　三河市嵩川印刷有限公司

书　　号　ISBN 978-7-5578-9832-8
定　　价　80.00元

前　言

截至 2021 年底，我国建筑垃圾存量已经突破 200 亿 t，并且以每年 15.5 亿 t ～ 24 亿 t 的排放量持续增加，这一数字是生活垃圾产生量的 8 倍左右，约占城市固体废弃物总量的 40%。建筑垃圾的储存与堆放危害较多，例如容易造成安全隐患、对水资源污染严重、影响空气质量、占用土地、降低土壤质量等。另一方面，我国建筑垃圾的资源化利用率十分低，与欧美 90% 以上的利用率相比，我国的平均利用率仅为 10% ～ 20%，只有个别城市或地区可以达到 35% 以上。2018 年以来，中华人民共和国住房和城乡建设部在 35 个城市（区）开展了建筑垃圾治理试点工作，效果显著，试点城市的建筑垃圾资源化利用率从 35% 提升到了 50%，建筑垃圾总消纳能力超过当地建筑垃圾年产生量，这是非常振奋人心的数据。

要破解"建筑垃圾围城"难题，必须拓宽建筑垃圾资源化利用出口。目前建筑垃圾的利用主要以低附加值的再生骨料、填料为主，但正以较快的发展速度向高附加值产品发展，例如步道砖、路缘石、水稳材料等。笔者是从 2015 年起，开始对建筑垃圾的再生利用进行研究的，主要是参照国家相关政策文件，对建筑垃圾再生骨料混凝土路缘石、水泥稳定建筑垃圾再生骨料等公路工程中用量较大且附加值较高的产品与技术展开系统研究。本书是对近年来该领域研究成果的汇总。第 1 章介绍了建筑垃圾的应用背景与途径；第 2 章阐述了建筑垃圾再生骨料的破碎理论以及相关室内实验情况；第 3 章主要论述了建筑垃圾再生骨料的技术性能研究成果；第 4 章系统介绍了建筑垃圾再生骨料混凝土路缘石技术；第 5 章详细介绍了水泥稳定建筑垃圾再生骨料技术。

　　山东理工大学张文刚副教授团队在本书的撰写过程中给予了大力的支持与指导，在此对他们表示诚挚的谢意。

　　由于作者水平有限，书中难免存在不足之处，欢迎批评指正。

陈鹏

2022 年春 青岛

目 录

第 1 章 绪论

1.1 建筑垃圾应用背景

我国建筑垃圾产量巨大，目前存量已达几百亿吨[1-8]，相较于发达国家九成以上的建筑垃圾利用率，我国建筑垃圾的有效利用率不足十分之一。从处置方式来看，建筑垃圾有露天堆放、填坑、堆山造景、资源化利用等，其中，填坑仍是最主要的处置方式[9-13]。如图 1.1 所示，建筑垃圾已经成为环境污染的主要污染源之一，此外，其处置方式占据了大量的土地资源，已经成为严重的社会问题[14-16]。

图 1.1 建筑垃圾污染

近年来，无论是国家还是各省市自治区，均出台了一系列的相关政策或措施，以提高建筑垃圾的利用率，降低其污染性。表 1.1 为国家针对城市建筑垃圾出台的部分相关政策[17-25]。

表 1.1　我国关于建筑垃圾处理相关规范性文件汇总（部分）

颁布时间	规范性文件名称
2020 年 9 月	《建筑垃圾资源化利用行业规范条件》（修订征求意见稿）
2020 年 9 月	《建筑垃圾资源化利用行业规范公告管理办法》（修订征求意见稿）
2020 年 5 月	《住房和城乡建设部关于推进建筑垃圾减量化的指导意见》
2020 年 4 月	《中华人民共和国固体废弃物污染环境防治法》
2018 年 6 月	《关于做好非正规垃圾堆放点排查和整治工作的通知》
2018 年 3 月	《关于环境保护税有关问题的通知》（财税〔2018〕23 号）
2017 年 12 月	《生态环境损害赔偿制度改革方案》

1.2　建筑垃圾再生骨料应用途径

1.2.1　再生骨料

1. 定义

由废弃混凝土制备的骨料称为再生混凝土骨料（简称再生骨料），根据是否含砖，可以将其分为含砖再生混凝土骨料（图 1.2）、非含砖再生混凝土骨料两种[26-28]。

图 1.2　含砖再生混凝土骨料

再生骨料可代替天然砂石或机制砂，既可用于制作混凝土稳定层，铺设于城市道路基层和底基层，又可用于生产低标号再生砂混凝土、再生砂浆及再生砖、砌块等建材产品。再生骨料的优点是放射性低，透水性强，用其生产的产品容重轻，透水、透气性能好，整体强度高[29-33]。

2. 生产所需设备

石料的破碎方式主要有挤压、劈裂、折断、磨碎和冲击 5 种，目前我国使用的石料破碎设备主要有颚式破碎机、旋回式破碎机、圆锥式破碎机、辊式破碎机、反击式破碎机、锤式破碎机以及技术先进的巴马克"石打石"立轴式碰撞破碎机。

（1）颚式破碎机。颚式破碎机的工作原理是，活动鄂板周期性地靠近或远离固定鄂板，使得进入破碎腔的石料因受到挤压、劈裂、弯曲和冲击而破碎。破碎后的石料受到重力的作用或鄂板远离时的向下推力从排料口排出[34]。

一般情况下颚式破碎机的破碎比为 4 ～ 6，一些小型号的颚式破碎机破碎比有时也可达到 10。颚式破碎机具有结构简单、坚固耐用、工作可靠、破碎板更换容易等一系列优点，使得颚式破碎机在破碎市场上有很强的竞争力，但又因其主要是依靠挤压的方式来破碎石料的，导致破碎后的石料颗粒针片状含量较大，这显然是工程质量的一个不利因素，因此，颚式破碎机常被用于粗碎和中碎作业。一般的颚式破碎机是将 500 mm 的石料破碎至 130 mm 以下，目前国内最大的是 1 200 mm×1 500 mm 复摆颚式破碎机。

（2）圆锥式破碎机。圆锥式破碎机主要由两个锥体组成（活动圆锥和固定圆锥）。其工作原理是，活动圆锥在固定圆锥的内表面做周期性的偏转运动，当活动圆锥靠拢固定圆锥靠物时，石料因受到挤压和磨剥而破碎；当活动圆锥离开固定圆锥的时候，已被破碎的石料会由于重力作用从排料口排出[35-36]。

圆锥式破碎机包括用于粗碎的旋回式圆锥破碎机和中细碎圆锥破碎机两种。旋回式圆锥破碎机具有生产能力大、单位电耗较小等优点，但其也不可避免地存在着价格相对较高、结构复杂、维修困难等缺点，其破碎比为 4 ～ 6，一般用于粗碎作业。

中细碎圆锥破碎机在目前的公路沥青路面工程项目中应用比较广泛，具有结构可靠、生产率高、破碎比大、产品粒度均匀等优点，可将 130 mm 的石料破碎至 40 mm 以下。但是由于目前国产圆锥破碎机是依靠动锥的单向挤压和弯曲研磨作用使石料破碎的，并通过排料口大小控制产品粒度，以至于石料破碎过程中几乎没有层间相互作用，因此，只有与排料口尺寸相近的产品颗粒粒形较好，如当开口为 20 mm 时，生产的 15～25 mm 产品粒形较好，而 5～15 mm、3～5 mm 产品的粒形较差，而且产生的石渣料难以利用。

（3）反击式破碎机。1924 年德国人成功研制并生产了单、双转子两种型号的反击式破碎机[37-39]。其工作原理如下：被送入破碎机内的石料受到板锤冲击而被抛向反击板，使之受到二次冲击，接着又从反击板弹到板锤，如此循环往复。在这个破碎过程中，石料共受到自由破碎、反弹破碎、磨削破碎三个方面的共同作用，这使得反击式破碎机具有破碎率高、动力消耗低、破碎石料粒形好（针片状含量小于 10%）、破碎比大（20）等优点。与靠压碎力破碎的破碎机相比，反击式破碎机的性能更显优越。但是，由于板锤的磨损很快，破碎机的使用成本较高，因而，反击式破碎机一般用于中硬石料的破碎。

（4）巴马克"石打石"破碎机。这是一种新型的立式冲击式破碎机，其破碎机理是，利用岩石集料破碎器内的转子使石料加速并被抛向破碎腔，石料因受到腔内混流的石料冲击而达到破碎目的，这种方式也称为"石打石"技术[40-41]。因为它是通过石料与石料之间的相互冲击作用使石料破碎的，所以这种破碎设备在破碎磨蚀性石料时的运转成本比较低，而且可以用于破碎硬度相对较高的石料。

此外，"石打石"破碎过程能自动形成空气对流，防止粉尘外溢，不污染环境。由于受到转子的尺寸限制，进入巴马克"石打石"破碎机的母岩粒径一般在 60 mm 左右，可被破碎成粒径为 20～50 mm、10～20 mm、5～10 mm、3～5 mm 的产品。因此，它适宜第三级或第四级破碎。

1.2.2　再生骨料混凝土路缘石

1. 定义

如图 1.3 所示，再生骨料混凝土路缘石是指以水泥和再生骨料为主要原材料，经加压、振动加压或其他成型工艺制成，铺设在路面边缘或标定路面界限的预制混凝土界石。

西班牙的 López Gayarre、Fernando 等利用 50% 的废旧骨料制备路缘石[42-48]；加拿大、美国、澳大利亚的学者也有相似的文章报道[49-55]。我国该领域的研究几乎处于空白，仅有樊序垿等对建筑固废再生混凝土路缘石进行室内试验研究的零星报道，且从试验结果看，含建筑垃圾再生骨料的路缘石存在力学强度低、抗渗性与抗冻性差等缺点，外观规整程度也较差，另外，再生细骨料的利用率为零[56-62]。

对研究现状评述如下：限于再生骨料特殊的技术性能，一般需进行强化处理，其利用的经济性降低；再生骨料混凝土路缘石的力学强度、耐久性、外观美化度等技术问题仍未得到解决；再生细骨料在含再生骨料混凝土路缘石中的利用率为零，资源化处置程度较低；尚未形成再生骨料混凝土路缘石产业化。

图 1.3　再生骨料混凝土路缘石

2. 生产所需设备

颚式破碎机或锤式破碎机、制砖机（带振动装置）、蒸养室。

1.2.3　再生骨料混凝土步道砖

1. 定义

如图 1.4 所示，再生骨料混凝土步道砖就是利用混凝土再生骨料、水泥等材料制造而成的应用于人行道、公园步道等的砖[63-69]。再生透水砖是再生骨料步道砖的一种，详情如下。

概念：再生透水砖是指以再生骨料、水泥等为主要原料，加入适量的外加剂、颜料，加水搅拌后压制成型，经自然养护或蒸汽养护而成的具有较强透水性能的铺地砖。

规格：主要规格为 200 mm × 100 mm × 60 mm、300 mm × 150 mm × 60 mm、300 mm × 300 mm × 60 mm、500 mm × 500 mm × 80 mm，其他规格尺寸可由供需

双方协商。再生透水砖有黄、绿、红等多种颜色，按抗压强度分为 Cc20、Cc25、Cc30、Cc35、Cc40、Cc50、Cc60 七个强度等级。

用途：主要用于人行道、游园广场的路面铺装。

优点：透水性能好，雨天能够涵养和补充地下水资源，缓解城市排水管网压力，减少内涝灾害；晴天能够自然释放地下水分，调节空气质量。

图 1.4　再生骨料混凝土步道砖

2. 生产所需设备

颚式破碎机或锤式破碎机、制砖机、蒸养室。

1.2.4　再生骨料水稳碎石

1. 定义

一定级配的碎石（含再生骨料）中，掺入足量的水泥和水，经拌和得到混合料，当这些混合料经压实和养生后的强度符合规定的要求时，称为再生骨料水泥稳定碎石[70-74]，简称再生骨料水稳碎石，如图 1.5 所示。

图 1.5 再生骨料水稳碎石

2. 生产所需设备

颚式破碎机或锤式破碎机、水稳拌和设备。

1.2.5 非承重构件（再生骨料护坡砖等）

1. 定义

如图 1.6 所示，再生骨料护坡砖是利用再生骨料、水泥等材料制成的可用于公路边坡防护的工程用砖[75-79]。

概念：再生护坡砖是指以再生骨料、水泥为主要原料，加入适量的外加剂或掺和料，加水搅拌后制成型的再生砖。

规格：主规格为 400 mm × 400 mm × 60 mm、300 mm × 260 mm × 80 mm、边长 300 mm 的六角形，其他规格尺寸可由供需双方协商。再生骨料护坡砖的常见形状有六角形、人字形、8 字形、八角形、连锁形。

用途和优点：可在生态护坡砖中种植一些植物，形成网格与植物相互依托的综合护坡系统，既能起到一定的护坡作用，又能达到美化城市的效果，给人眼前一亮的感觉。

图 1.6　再生骨料护坡砖

2. 生产所需设备

颚式破碎机或锤式破碎机、制砖机、蒸养室。

第 2 章　再生骨料破碎理论

当前我国高速公路的碎石生产场大多规模较小，其生产方式及加工机械相对落后，生产效率低，产品的产量、质量难以满足大型机械化施工的需要，给高速公路建设时碎石的采购增加了难度，逐渐成为影响高速公路工程质量的一个重要因素。碎石生产场生产的成品质量也存在着不少问题，如生产的碎石粒径普遍偏大，导致混合料离析严重；破碎石料中针片状含量过大；生产时供料的不稳定也使得混合料级配的变异性较大。这些都严重影响了路面施工进度和路面使用性能，而对于砾石的破碎，由于母岩的一些固有特性（表面特性），上面的问题更容易出现，故对于砾石破碎要有更严格的要求，以确保工程质量的优良性[80-85]。

不同气候分区，不同等级公路路面基层、面层对石料的质量要求不同，高等级公路面层石料质量要求相对比较严格。影响石料破碎质量的主要有以下三方面因素：对破碎后石料形状因素起主要作用的石料本身的资源特性（力学性质、物理性质、耐久性、化学稳定性等）、破碎设备和工艺流程。

建筑垃圾再生骨料的破碎理论和工艺与普通碎石相仿，下面将对破碎理论与破碎工艺展开介绍。

2.1　破碎工艺

2.1.1　常用的破碎机械

目前我国常用的石料破碎设备有颚式破碎机、旋回式破碎机、圆锥式破碎机、辊式破碎机、反击式破碎机、锤式破碎机以及技术先进的巴马克"石打石"立轴式碰撞破碎机，这里不再重复叙述。

2.1.2 砾石破碎工艺的推荐

工艺流程（process flow）一般是指产品制造阶段的流程，本书所说的石料破碎工艺也即石料破碎的生产线，一般由给料机、破碎机、振动筛等主要设备及配合皮带输送机等组成。破碎机类型的选择和石料自身特性是使破碎石料具有较好粒形的基本条件，而选择合适的破碎流程是生产较好粒形石料的保障。破碎流程的设计除了要满足破碎石料要求的形状外，还要在选择破碎机时综合考虑生产率、破碎机接受给料的能力、成品各粒级的含量、投资成本和维修成本（指耐磨材料使用磨损成本）等因素。目前破碎流程的类型很多，但一般而言它们都是由以下几种简单的"原则流程"组成。

（1）开路不筛分的破碎流程，即破碎过的石料不经筛分即可得到成品。这种流程适合对产品粒度要求不严格的破碎项目。

（2）开路筛分的破碎流程，即破碎石料要先经过预筛分将较小的颗粒分出，然后只对合格粒径石料进行破碎。这样就减少了破碎机的能耗并在一定程度上避免了石料的过度粉碎。

（3）闭路破碎筛分流程，即石料经破碎并筛分以后，筛面上的粗粒级石料被输送回破碎机再次破碎（俗称"回笼"）。回笼量与给料量之比称为循环复合系数。若循环复合系数大，表明排出的石料产品中合格细粒级成品的含量低，破碎机内石料的平均粒度大。

（4）兼有预先筛分和检查分级的流程，除了具备以上流程的优点外，预先筛分可将原石料中的泥土和风化层面的破碎块石料单独分出，保证破碎石料的清洁度和质量。在公路工程基层施工中，这部分废料还可作为水泥稳定的基层混合料中的粒料。

（5）将预先筛分与检查分级合并的流程，可使用这种流程的设备种类较少。

（6）对破碎产品进行多次分级流程，以得到多种规格的破碎产品。

目前我国的碎石生产主要采用一、二级破碎形式，生产工艺参差不齐，缺少大型的现代化公路路面专用采石加工企业，普遍存在大量的个体的小型碎石场，使得我国的碎石生产产量低、质量差，碎石生产的规格与标准不统一，严重制约了我国公路的发展。《公路沥青路面施工技术规范》（JTG F40—2004）也仅仅规定沥青面层集料破碎统一采用二级（或三级）破碎加工，第二级（或第三级）碎石加工必须采用反击破碎或圆锥破碎的方式，以确保集料针片状含量达到要求。

碎石加工厂使用的破碎机、筛分机、辅助设备（皮带输送机）等组合形式构成了破碎流程。而对破碎流程复杂程度的选择要结合母岩的性质、破碎粒度的要求、产量要求和经济效益的合理性等因素进行综合评价分析。

下面是三种典型的工艺方案：

（1）喂料机、颚式破碎机、反击式破碎机、振动筛、输送系统、控制系统。

（2）喂料机、颚式破碎机、细型颚式破碎机、反击式破碎机、振动筛、输送系统、控制系统。

（3）喂料机、颚式破碎机、圆锥破碎机、反击式破碎机、振动筛、输送系统、控制系统。

上述方案的主要区别是对二道破碎的选择，主要有以打击破碎为主的反击式破碎机和以层压为主的细碎颚式破碎机、圆锥式破碎机。

石料破碎工艺的选择主要由以下几个因素决定：

（1）破碎石料的类型。

（2）破碎石料的硬度、含水量、含硅量。

（3）破碎前的平均粒度。

（4）成品粒度，以及各个粒度范围的比例要求，成品的用途。

（5）时生产能力。

本书所涉及的母岩实为建筑垃圾，主要为废弃的水泥混凝土，在实际破碎中较容易破碎，破碎成本不高，在破碎工艺的选择上也要综合考虑破碎项目的投资成本与生产线的生产成本。因此，在破碎工艺的选择上，采取了以下工艺方案：

喂料机、颚式破碎机、反击式破碎机（当废弃水泥混凝土含砖量较高或者强度不大时，反击破碎可以省略）、振动筛、输送系统、控制系统。

为保护环境，可配备辅助的除尘设备。

2.2　破碎理论

2.2.1　破碎的概念及目的

破碎过程一般分为以下 3 个阶段 [86-94]。

（1）破碎阶段。通过吸收能量使石料碎至几个大片或大块，石料产生新的损伤。

（2）压裂阶段。能量通过新的损伤面或裂缝，使较大的石料块、石料片继续被压断。

（3）压实阶段。片状的石料被折断成小块，接着被压碎或压实。在这个过程中，首先是单个石料粒块被压碎，其次是石料粒群受力被压碎（层压破碎），最后生成的小的石料粒块等被压实（粉碎作用完全消失）。

将物料破碎的方法有许多，通常采用机械法。物料的破碎作业一般是在破碎机和粉磨内进行的，按照物料破碎的粗细程度，又将物料破碎分为破碎和粉磨两个过程，如表2.1所示。

表2.1　物料破碎过程

分类名称	破碎			粉磨		
	粗碎	中碎	细碎	粗磨	中磨	超细磨
粉碎后粒径	100 mm	30 mm	3 mm	0.1 mm	60 μm	5 μm

一般而言，天然的砂、砾石料形状以圆形居多，比表面积小，颗粒性状较差；而人工生产的破碎石料具有较好的棱角性和较大的比表面积，能与水泥、沥青等材料较好地结合，更好地满足路用性能的要求。因此，研究岩石的破碎非常必要，而砾石破碎更是一个难点。建筑垃圾再生骨料也同样存在上述问题。

2.2.2　破碎理论

破碎理论主要研究物料的破碎机理以及在破碎过程中的能量消耗问题。由于破碎过程的复杂性，不可避免地增大了破碎过程中能量消耗问题的研究难度。破碎过程的能量消耗受到很多因素的影响，比如物料的物理机械性质、所采用的破碎方法、在破碎瞬间各物料之间所处的相互位置、物料的几何形状、粒度大小以及分布规律等。若想通过一个严密完整的数学解析式来求破碎过程中所消耗的能量是很困难的，用现有的破碎理论来解释物料破碎的实质也存在一定的局限性。

现阶段的破碎理论主要有以下几种说法[95-99]。

（1）面积理论。面积学说，即破碎能耗与破碎时新生表面积成正比，即

$$d_{A_1} = rd_s \tag{2.1}$$

式中　d_{A_1}——颗粒体积变化时消耗的功；

　　　r——常数；

　　　d_s——表面积变化量。

该理论在较大破碎比、新生表面积多等粉磨过程比较适用，与实验结果较为吻合。

（2）体积理论。体积学说，即在相同的技术条件下，将几何形状相似的同种物料，粉碎成几何形状也相似的产品时，所需的功与它们的体积或质量成正比，即

$$d_{A_2} = kd_v \qquad\qquad (2.2)$$

式中　d_{A_2}——颗粒体积变化时消耗的功；

　　　k——常数；

　　　d_v——体积或质量变化量。

这一假说是在理想状况下进行的假设，是以弹性理论为基础的。该理论只考虑了物料变形所消耗的能量，对物料的其他性质如表面形状、质地等没做考虑，所以只能用来近似地计算粗碎和中碎时的能量消耗。一般较符合物料的压碎和击碎过程。

（3）裂缝理论，即裂缝学说：破碎物料所消耗的能量与物料的直径或边长的平方根成反比，即

$$w = w_i \left[\frac{\sqrt{F} - \sqrt{P}}{\sqrt{P}} \right] \sqrt{\frac{100}{P}} \qquad\qquad (2.3)$$

式中　W——单位质量物料破碎时消耗的功；

　　　w_i——Bond 功指数；

　　　F——给料粒度；

　　　P——破碎后粒度。

裂缝学说认为，物料破碎实质上是物料受到外力作用先产生形变，当物料内部的形变能量积累到一定程度时，会在某些薄弱处产生裂缝，随着变形能量的集中，裂缝逐渐扩大而产生物料的破碎。

物料破碎在整个过程中要经过三个阶段（破碎阶段、压裂阶段、压实阶段），能分别较好地对应以体积变化为主的 Kick 理论、开裂及裂纹扩展的 Bond 理论和细粉碎过程的 Rittinger 理论。

可以这样理解：破碎所需要的功与裂缝成正比，而裂缝又与粒径大小（直径或边长）的平方根成反比。

1957 年，Charls 综合以上三大理论，提出一个普遍公式：

$$d_E = -C \frac{d_x}{x^n} \qquad (2.4)$$

式中　d_E——颗粒粒度减小 dx 时所消耗的能量；

　　　d_x——颗粒粒度减小量；

　　　X——颗粒粒度；

　　　C——常数。

（4）层压破碎理论。层压破碎理论认为，物料在受到外界压力时产生压缩变形，并形成内部应力集中，当应力达到颗粒在最薄弱处的轴向上的破坏应力时，颗粒就会在最弱处产生破裂和破碎。

固体物料因受到压力而产生破碎时，颗粒内的应变能，即破碎功 E，可根据下式计算（在单轴受压时）：

$$E = \frac{F^2}{2Y} \qquad (2.5)$$

式中　F——应力值；

　　　Y——杨氏模量。

2.2.3　破碎理论研究的发展

20 世纪后期，在继续完善以上理论体系的基础上，破碎工程的学者们积极借鉴其他学科的研究方法以及新的研究手段，对破碎过程作进一步深层次的研究 [100]。

随着对岩石断裂损伤力学理论研究的深入，岩石断裂损伤力学的研究方法逐渐被应用于相近的物料破碎过程，并逐步成为研究破碎的重要手段。相关学者应该把岩石力学和其他学科的理论基础应用于研究破碎的本构关系中，从物料的破碎本质来研究破碎过程，建立破碎理论，而不仅仅是经验的公式与定性的理论 [101]。

对破碎理论的研究大多是从对物料单颗粒体粉碎开始的。单颗粒体粉碎的代表理论有 Griffith 提出的裂缝学等，而在研究颗粒破碎时需要综合运用莫尔理论、库仑理论、Griffith 强度理论等经典力学理论来描述破碎过程。Cheong Y. S、Salman A. D 和 Hounslow M. J 等利用玻璃球的靶板冲击实验，研究了在不同冲击条件下玻璃球的破碎过程；C. A. Tang 等还通过光弹试验模拟了颗粒加载破碎的过程 [102-103]。破碎物料所消耗的能量可由下式计算。

$$d_E = -C \frac{d_x}{x^{4-D}}$$ （2.6）

式中　D——粉体颗粒表面分形维数；

　　　x——颗粒粒度。

谢和平提出并研究应用分形定性定量解释和描述岩石力学中过去只能近似描述或者难以描述的问题。东南大学的杨威在分型维数的基础上指出集料破碎的小于 4.75 mm 的细集料级配是一个稳定形态，不随原始粒径的大小而改变，而对于粗集料的破碎，破碎后的石料个粒径含量有一定的规律，这时的分形维数为最有可能取得的分形维数，故可根据最大粒径的压碎情况估算其后各档集料的破碎结果。李功伯、邓跃红通过对破碎过程做简单的分割模拟，证明了最后破碎得到的粉体粒度是呈分形分布的。张智铁等在研究破碎粉体的 G-S 分步基础上，反推出破碎过程的分形行为特性，并由此推导出物料粉碎过程中裂纹扩展的分形效应、物料颗粒表面分形特性及物料破碎能耗的分形特性 [104-105]，最后得出岩石裂纹在低应力条件下，脆性晶界的先断开，继而组成自己的自相似系统，而在高应力条件下，有穿晶机制参加进来组成穿晶裂纹的自相似系统。这种自相似系统可看作一种典型的分形行为，所以，破碎过程的分形研究逐渐成为破碎工程研究的有力途径。徐志斌等在综合分析大量实验数据的基础上，提出岩石的断裂损伤演化过程具有很好的自相似性，而断裂损伤的分布分形维数能够很好地刻画岩石的损伤程度，这就为预测与指导岩石类材料破碎生产做好了铺垫。

2.3　建筑垃圾再生骨料破碎模型的建立

为了获得较好的建筑垃圾再生骨料形状，满足规范中规定的针片状含量的要求，保证较高的洁净度，在物料破碎的工艺流程中必须充分重视对母岩（废弃的水泥混凝土块）的预筛分作用。然而，在我国《公路沥青路面施工技术规范》中也只对破碎砾石的母岩粒径给出了不小于 50 mm 的要求，经细致分析发现这一规定也只是基于实践经验提出的粗略要求，并没有相关的理论依据。随着公路的快速发展，石料需求量逐渐增多，资源的有限性越来越明显，石料（废弃的水泥混凝土块）的生产规范中笼统地规定将 50 mm 以下的母岩（废弃的水泥混凝土块）进行筛除，这将会产生大量的资源浪费，因此，建立合理的数学模型以定量地控制母岩（废弃的水泥混凝土块）粒级具有极其重要的现实意义。

2.3.1 模型的基本框架

本项目所建立的数学模型以母岩（废弃的水泥混凝土块）在破碎前后表面积的变化为基础。破碎前所有的表面积之和为原面积，破碎后的表面积包括新产生的破碎面面积和原面积两部分。与原砾石表面相比，新产生的破碎面表面更粗糙，具有较好的表面轮廓、棱角性、表面构造，也即具有更高的颗粒指数。一方面，高颗粒指数使破碎石料可通过提高沥青与石料的吸附作用、增大沥青膜的厚度而大幅度提高高温稳定性和路面水稳定性能；另一方面，表面粗糙的石料间易形成较大的嵌挤力而使再生骨料具有更大的张拉强度，从而具有更优越的低温抗裂性能。因此，砾石破碎时要使破碎面面积占总面积的比值尽量大。

假设母岩（废弃的水泥混凝土块）破碎前的表面积为 A（单位：cm^2，下同），破碎后的表面积为 B，则新产生的破碎面面积 $C=B-A$。破碎后石料破碎面面积占总面积的比率 α 的计算方法如下：

$$\alpha = \frac{C}{B} = \frac{B-A}{B} = (1-\frac{A}{B}) \times 100\% \qquad (2.7)$$

从式（2.7）可以看出，在破碎前后石料体积（或质量）保持不变的条件下，破碎前母岩表面积越小，破碎后表面积越大；在母岩粒径一定的情况下，破碎后粒径越小，破碎后的表面积也越大，α 值越大。引入比表面积（SA）的定义：比表面积是指颗粒单位体积或单位质量的总表面积，也就是说，比表面积（SA）较小的母岩破碎成比表面积相对较大的集料时，其工程性质较优越。

大块母岩（废弃的水泥混凝土块）的比表面积较小，破碎时，其 α 值较好。理论上来讲，α 值最不利的破碎情况是破碎前后的粒径比值（破碎比）较小。

本项目旨在根据破碎前后体积一定而面积变化的规律，计算出几种常用颗粒形状的不同尺寸的母岩（废弃的水泥混凝土块）破碎为各不同粒级集料后的 α 值。通过研究 α 与破碎后石料的质量之间的关系，间接得出破碎母岩的控制粒径，进而达到控制废弃水泥混凝土块破碎生产的目的。

2.3.2 模型的建立步骤

本项目所建立的母岩（废弃的水泥混凝土块）破碎模型需经过如下阶段。

1. 确定母岩（废弃的水泥混凝土块）在一定粒度范围内的形状特征

在体积一定的前提下，母岩粒度范围可以用确定的质量范围来间接进行表征。参考集料筛孔划分方法，可以 0.5×1.5^n kg 来划分该质量范围，如可以划分为 $0 \sim 0.15$（0.5×1.5^{-3}）kg，$0.15 \sim 0.22$（0.5×1.5^{-2}）kg 等。显然，对于某一确定粒级的石料，如果某个质量范围的母岩满足破碎要求，那么该范围以上的各粒度母岩（废弃的水泥混凝土块）均能满足要求。

母岩（废弃的水泥混凝土块）的颗粒形状与多方面因素有关。这就导致其形状很难用单一标准来衡量，故采用相对较容易测量的比表面积来代替。进行试验时可以用表面积分析仪测量某一块度范围的 50 粒母岩的面积，进而算出单位质量（或体积）母岩的表面积，由于颗粒形状与其表面积有着一一对应的关系，为表示方便，可将其定义为 S_i/V_i，单位为 cm^{-1}。

2. 确定母岩破碎后的颗粒形状

公路路面工程所需集料粒级根据施工需要可以有多种，比如 $0 \sim 3$ mm、$3 \sim 5$ mm、$5 \sim 10$ mm、$10 \sim 20$ mm、$10 \sim 25$ mm、$15 \sim 30$ mm、$20 \sim 40$ mm、$25 \sim 50$ mm、$30 \sim 60$ mm、$40 \sim 60$ mm、$40 \sim 75$ mm 等。$0 \sim 3$ mm 档料，由于粒级较小，对所需母岩（废弃的水泥混凝土块）的规格控制无实际意义，不予考虑。本项目在考虑工程实际需要的基础上确定以 $5 \sim 10$ mm、$10 \sim 20$ mm、$20 \sim 40$ mm 及 $40 \sim 60$ mm 四档集料为例进行模型计算。

3. 基于破碎前后表面积的变化的数学模型

为方便计算，比表面积 SA 用单位体积表面积表示，单位为 cm^{-1}（cm^2/cm^3）。另设母岩的表观密度 ρ_a 为 2.70 g/cm^3。

破碎前：

$$V = \frac{m_0}{\rho_a} \times 1.25 \tag{2.8}$$

$$A = V \times SA_i = \frac{m_0}{\rho_a} \times SA_i \times 1.25 \tag{2.9}$$

式中　V——单颗粒母岩平均体积，cm^3；

　　　m_0——各母岩质量分级范围的前值，各档母岩的平均质量为 $m_0 \times 1.25$，kg；

　　　ρ_0——表观密度，g/cm^3；

　　　A——母岩破碎前的表面积，cm^2；

SA_i——各质量分级母岩对应的单位体积表面积，cm^{-1}；

i——变量，指不同的质量或粒径，i=1，2，3，4 等。

破碎后：

$$n_i = \frac{V'}{V_i'} = \frac{V}{V_i'} \qquad (2.10)$$

$$B = \sum_{i=1}^{n(4)} n_i \times S_i' \qquad (2.11)$$

式中　n_i——单颗粒母岩（废弃的水泥混凝土块）破碎后各形状或各粒径的平均粒料个数；

V_i'——破碎后各粒级单颗粒体积，本项目中为四种形状按一定比例合成后体积，cm^3；

S_i'——破碎后各形状或各粒径粒料的表面积，cm^2。

2.3.3　模型的算例

为简便起见，考虑计算量且在不影响结果的前提下，将母岩（废弃的水泥混凝土块）假定为正六面体、正八面体两种情况进行考虑。

正六面体模型：

母岩（废弃的水泥混凝土块）在 $m_0 \sim m_0 \times 1.5$ kg 质量分级的单颗粒平均总体积 V=462.96 m_0（由式 2.8 计算），相应的平均总表面积 S=359.07 $m_0^{\frac{2}{3}}$。

正八面体模型：

母岩（废弃的水泥混凝土块）在 $m_0 \sim m_0 \times 1.5$ kg 质量分级的单颗粒平均总体积 V=462.96m_0，相应的平均总表面积 S=342.26 $m_0^{\frac{2}{3}}$。

对于破碎后的石料，仅考虑 5 ～ 10 mm、10 ～ 20 mm、20 ～ 40 mm 及 40 ～ 60 mm 四档集料，理论认为其颗粒形状以正四面体、正六面体、正八面体、球体为主，如图 2.1 所示。

图 2.1　正四、六、八面体及球体集料颗粒模型

以上四种形状的性质如表 2.2 所示。

表 2.2　四种形状的性质

形　状	长 / 高	面　积	体　积	面积 / 体积	比表面积（体积法）
正四面体	2.5：1	$\sqrt{3}a^2$	$\dfrac{\sqrt{2}}{12}a^3$	$6\sqrt{6}a^{-1}$	7.206
正六面体	1.73：1	$6a^2$	a^3	$6a^{-1}$	6.000
正八面体	1.41：1	$2\sqrt{3}a^2$	$\dfrac{\sqrt{2}}{3}a^3$	$3\sqrt{6}a^{-1}$	5.719
球体	1：1	$4\pi R^2$	$\dfrac{4}{3}\pi R^3$	$3R^{-1}$	4.836

从表 2.2 可以看出，正四面体的单位体积表面积最大，即比表面积最大，为最不利情况。经验上讲，在四种形状中，正四面体形状的颗粒最接近针片状。随着颗粒面数的增加，单位体积表面积逐渐降低。

沥青路面施工技术规范中对粗集料的规定是控制针片状含量在 15% 以内（高速及一级公路表面层，其他等级、层次的针片状含量略有放宽）。因此，将正四面体作为集料针片状含量控制指标，针片状含量占 15%，其余各占 28.3%。计算各档集料的平均比表面积如表 2.3 所示。

表 2.3　各档集料的平均比表面积值

粒径范围 /mm	单颗粒体积均值 /cm³	单颗粒面积均值 /cm²	平均比表面积值
5 ～ 10	0.246	2.155	10.248
10 ～ 20	1.967	8.620	5.124
20 ～ 40	15.737	34.479	2.562
40 ～ 60	72.858	95.775	1.537

随着颗粒粒径的增大，平均比表面积值显著减小。由以上数据可得出各档集料的破碎面面积占比 α 与单块母岩颗粒平均质量 m_0 的关系，如表 2.4 所示。

表 2.4　各档集料的破碎面面积占比 α 与单块母岩颗粒平均质量 m_0 的关系

母岩颗粒	集料粒径	破碎后平均颗粒个数	破碎后总表面积	破碎面面积占比 α
正六面体	5～10 mm	$2\,004.76m_0$	$4\,320.13\,m_0^{-\frac{1}{3}}$	$(1-0.083\,m_0^{-\frac{1}{3}})\times100\%$
	10～20 mm	$250.59m_0$	$2\,160.07\,m_0^{-\frac{1}{3}}$	$(1-0.166\,m_0^{-\frac{1}{3}})\times100\%$
	20～40 mm	$31.32m_0$	$1\,080.03\,m_0^{-\frac{1}{3}}$	$(1-0.332\,m_0^{-\frac{1}{3}})\times100\%$
	40～60 mm	$6.77m_0$	$648.02\,m_0^{-\frac{1}{3}}$	$(1-0.554\,m_0^{-\frac{1}{3}})\times100\%$
正八面体	5～10 mm	$2\,004.76m_0$	$4\,320.13\,m_0^{-\frac{1}{3}}$	$(1-0.079\,m_0^{-\frac{1}{3}})\times100\%$
	10～20 mm	$250.59m_0$	$2\,160.07\,m_0^{-\frac{1}{3}}$	$(1-0.158\,m_0^{-\frac{1}{3}})\times100\%$
正八面体	20～40 mm	$31.32m_0$	$1\,080.03\,m_0^{-\frac{1}{3}}$	$(1-0.317\,m_0^{-\frac{1}{3}})\times100\%$
	40～60 mm	$6.77m_0$	$648.02\,m_0^{-\frac{1}{3}}$	$(1-0.528\,m_0^{-\frac{1}{3}})\times100\%$

n、m_0 取不同数值时，可进一步得到对应的 α 值，如表 2.5 所示。

表 2.5　不同母岩（废弃的水泥混凝土块）颗粒对应的 α 值

n 值	m_0 值	不同母岩颗粒对应的 α 值							
		5～10 mm		10～20 mm		20～40 mm		40～60 mm	
		正六面体	正八面体	正六面体	正八面体	正六面体	正八面体	正六面体	正八面体
-4	0.10	82.12%	82.98%	64.19%	65.86%	28.47%	31.70%	——	——

n 值	m_0 值	不同母岩颗粒对应的 α 值							
		5 ～ 10 mm		10 ～ 20 mm		20 ～ 40 mm		40 ～ 60 mm	
		正六面体	正八面体	正六面体	正八面体	正六面体	正八面体	正六面体	正八面体
−3	0.15	84.38%	85.13%	68.71%	70.18%	37.52%	40.34%	——	0.63%
−2	0.22	86.25%	86.91%	72.46%	73.75%	45.00%	47.49%	8.23%	12.54%
−1	0.33	87.99%	88.57%	75.95%	77.07%	51.96%	54.13%	19.83%	23.59%
0	0.50	89.54%	90.05%	79.06%	80.04%	58.17%	60.06%	30.20%	33.48%
1	0.75	90.86%	91.30%	81.70%	82.56%	63.46%	65.11%	39.02%	41.89%
2	1.13	92.03%	92.42%	84.04%	84.79%	68.13%	69.57%	46.81%	49.31%
3	1.69	93.05%	93.38%	86.04%	86.70%	72.18%	73.44%	53.58%	55.76%
6	5.70	95.35%	95.58%	90.69%	91.12%	81.41%	82.25%	68.99%	70.44%

由表 2.5 可以得到不同 n 值与 m_0 值的相应曲线图，如图 2.2 所示。

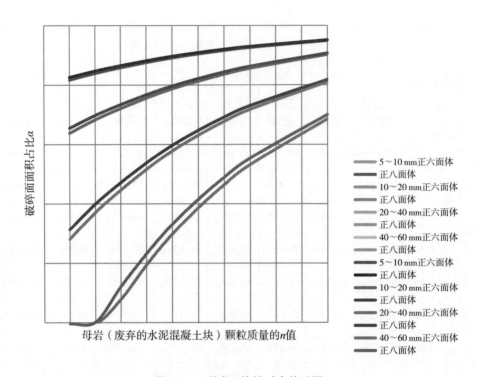

图 2.2 *n* 值与 *α* 值的对应关系图

由以上图表可以看出：

（1）当假设母岩（废弃的水泥混凝土块）颗粒分别为正六面体和正八面体时，其计算结果差异较小，*α* 差值一般在 2% 以内，表明母岩的颗粒形状对破碎的影响较小。

（2）当母岩（废弃的水泥混凝土块）颗粒质量的 *n* 值一定，也即确定了母岩初始质量，5～10 mm、10～20 mm、20～40 mm 及 40～60 mm 四档集料的破碎面比差异明显。如果笼统或折中地规定某一粒径之上的母岩（废弃的水泥混凝土块）为合格，那么不但会产生大量的浪费，而且难以保证较大颗粒集料的破碎面比率。

（3）当给定破碎面比率 *α* 值后，可以方便地读取各不同粒径集料所要求的母岩（废弃的水泥混凝土块）初始质量大小，尤其对于 3～20 mm 集料也可以给出明确的母岩粒径界限。

比如限定 *α* 值为 70% 以上合格时，*n* 值取 −3.2 及以上时，相应 m_0 值为 0.14 kg，母岩筛孔为 5～10 mm、10～20 mm，两档集料在破碎面比率以上即满足要求。

而对 20 ～ 40 mm 等较大粒径的集料则需要更大的母岩规格，n 值取 2 及以上，相应 m_0 值为 1.12 kg，母岩粒径为 75 mm。

（4）由于不同粒径破碎集料对母岩尺寸的要求不同，可以在母岩（废弃的水泥混凝土块）破碎前进行分级预筛分。比如，根据上一点假设可对母岩（废弃的水泥混凝土块）进行双层筛分：37 mm 以下为不良砂土，予以剔除；37 ～ 75 mm 母岩筛孔可用于破碎 20 mm 以下集料，75mm 筛孔以上母岩（废弃的水泥混凝土块）可用于破碎 20 mm 以上集料。

2.4　建筑垃圾再生骨料室内破碎试验

在我国，随着社会的飞速发展，建筑业出现了井喷式的发展势头，而在建筑业飞速发展的背后，出现了数量巨大的建筑渣土，尤其是废旧混凝土。大部分的废旧混凝土没有经过任何的处理就直接运输到郊外或者乡村的空地上，占据了非常大的土地资源，在运输过程中也会产生垃圾清运的费用，并且在垃圾清运的过程中会出现逸散粉尘，造成对环境的二次污染。如果对废旧混凝土加以利用，可以使更多的天然石料得以保留，从根本上解决天然石料资源不断减少及对生态环境造成破坏的问题。因此，如果能将这些建筑垃圾适当处理后，在实际工程中加以利用，将对环境资源的保护、社会的可持续发展起到重大的推进作用。

实现建筑垃圾再生集料在路面环保中的应用，具有显著的社会效益和环境效益。本节采用理论分析与室内试验相结合的方法展开研究。首先在现有集料破碎理论的基础上建立建筑垃圾再生集料的破碎模型，然后根据破碎结果分析再生集料的破碎特性以及加工工艺。建筑垃圾主要使用颚式破碎机和锤式破碎机分别破碎，研究其破碎比、石屑比率等，对比分析再生集料的破碎特性，从而确定再生集料的加工工艺。

2.4.1　实验准备

在本项目中，所需要的仪器设备如下：

（1）颚式破碎机，型号为 Y132S-4，功率 5.5 kW，如图 2.3 所示。

图 2.3　颚式破碎机

（2）锤式破碎机，型号为 YX3 132S-4，功率为 5.5 kW，如图 2.4 所示。

图 2.4　锤式破碎机

（3）圆形方孔筛，所需粒径为 16 mm、9.6 mm、4.75 mm、2.36 mm、1.18 mm、0.6 mm、0.3 mm、0.15 mm、0.075 mm。

（4）托盘天平。

需要注意的是，再生集料破碎实验需要将废旧混凝土和天然石材分别用不同破碎机破碎，对比两者的破碎情况。

废旧混凝土试块，要求试块完整，试块数量要满足实验需要。

天然石材要有足够的硬度，避免使用黏土岩和片岩等，尽量使用石灰岩、花岗岩等坚硬石材。

废旧混凝土试块和天然石材要求形状、体积相近，从而保证实验数据的准确性。

废旧混凝土和天然石材都要编号，每种破碎方式准备两组实验，避免实验数据的偶然性。

2.4.2　实验流程

认真阅读实验仪器的使用说明书。正式开始实验后，将废旧混凝土试块和天然石块分别放入颚式破碎机和锤式破碎机中破碎，为了避免实验的偶然性，每种破碎机中分别做两组实验，并编号。破碎完成后将破碎集料收集装袋，并且把破碎机出料口清理干净，把物料收集干净，装袋后做好编号。

筛分实验流程如下：①将试样放在浅盘内，一起放到温度保持在（105±5）℃的烘箱内烘干（24±1）h。②从烘箱中取出试样，冷却后称重，精确至样品质量的 0.1%。③将试样放到容器内，向容器内注水，淹没试样。④剧烈搅动容器内试样和水，使粘在粗颗粒上小于 0.075 mm 的颗粒完全分离下来，并悬浮在水中。⑤将容器内的悬浮液倒在 0.6 mm 筛孔的筛上，筛下放一接受悬浮液的容器。⑥将筛上剩余物料回收到清洗容器内。⑦重复上述步骤至清洗容器内的水清洁。⑧将洗净试样放在浅盘内，放到温度保持在（105±5）℃的烘箱内烘干（8～12）h。⑨从烘箱中取出试样，冷却后称重，精确至样品质量的 0.1%。⑩破碎完成后将破碎集料用圆形方孔筛筛分，颚式破碎机破碎集料粒径较大，锤式破碎机破碎集料粒径较小，所以在筛分过程中要用不同粒径圆形方孔筛筛分，分别装袋并做好编号。⑪筛分结束之后，观察两种破碎方式破碎完成后与破碎之前的变化（破碎面的变化）。⑫用不同孔径圆形方孔筛筛分后，分析两种破碎方式破碎两种集料的石屑比和破碎比。

实验注意事项如下：①在实验进行之前一定要将所需实验仪器和实验原材料准备好，并且仔细阅读实验仪器说明书。②在实验前收集废旧混凝土试块和天然石材时，要尽量使两者体积相近。③破碎实验过程中要注意人身安全，破碎机的功率较大，在放置集料的过程中要严格遵守破碎机的操作流程，放料过程中不要靠近皮带，以免发生意外。④天然石材和再生集料都要用两种破碎方式分别破碎，分别装袋编号，便于后期数据的分析。⑤两种破碎方式破碎后的集料粒径不同，筛分的时候要根据破碎情况合理选择圆形方孔筛的粒径，保证筛分数据的准确性。⑥在筛分过程中，一定要保证筛分质量，切勿在筛分过程中因人为因素导致筛分集料丢失。

再生集料颚式破碎机破碎操作流程如下：①将颚式破碎机启动，将再生集料按照规定操作放入进料口。②等待其破碎完成后在出料口将破碎集料收集装袋。③为保证实验质量，做两组实验。④将装袋后的集料编为 1 号再生集料、2 号再生集料。⑤一组实验完成后要将实验仪器清理干净。

天然集料颚式破碎机破碎操作流程如下：①颚式破碎机启动后，将天然集料按照规定操作放入进料口。②等待其破碎完成后在出料口将破碎集料收集装袋。③为保证实验质量，做两组实验。④将装袋后的集料编为 1 号天然集料、2 号天然集料。⑤一组实验完成后要将实验仪器清理干净。

再生集料锤式破碎机破碎操作流程如下：①锤式破碎机启动后，将再生集料按照规定操作放入进料口。②等待其破碎完成后在出料口将破碎集料收集装袋。③为保证实验质量，做两组实验。④将装袋后的集料编为 3 号再生集料、4 号再生集料。⑤一组实验完成后要将实验仪器清理干净。

天然集料锤式破碎机破碎操作流程如下：①锤式破碎机启动后，将天然集料按照规定操作放入进料口。②等待其破碎完成后在出料口将破碎集料收集装袋。③为保证实验质量，做两组实验。④将装袋后的集料编为 3 号天然集料、4 号天然集料。⑤一组实验完成后要将实验仪器清理干净。

2.5 建筑垃圾再生骨料破碎性能研究

2.5.1 破碎前后表观特征分析

1. 再生集料颚式破碎机破碎前后表观特征分析

虽然颚式破碎机有许多结构形式，但其工作原理是基本相同的，也就是通过动颚周期性运动来破碎物料。颚式破碎机在动颚绕悬挂中心轴向固定颚摆动的过程中，位于两颚板之间的物料受到压碎、劈裂和弯曲等作用，当压力超过物料所能承受的强度时，即发生破碎。相反，当动颚离开固定颚向相反方向摆动时，物料则靠自重向下运动。动颚的每一个周期性运动都使物料受到一次压碎作用，并向下排送一段距离。经若干周期后，被破碎的物料就从排料口排出机外。

将再生集料放入颚式破碎机内，待破碎完成后，将物料取出，对比观察破碎前后的表观特征变化。

破碎前，如图 2.5 所示。

图 2.5　破碎前 1 号天然石材与再生集料

破碎后，如图 2.6 所示。

图 2.6　由颚式破碎机破碎后的再生集料

再生集料通过颚式破碎机破碎之后破碎面数量无显著变化，破碎前后破碎面基本为 6 个破碎面，外形介于碎石和卵石之间，集料带有若干棱角，孔隙较多，表面附着硬化水泥砂浆，破碎面非常粗糙且不规则。

2. 天然集料颚式破碎机破碎前后表观特征分析

破碎前，如图 2.7 所示。

图 2.7　破碎前 2 号天然石材与再生集料

破碎后，如图 2.8 所示。

图 2.8　由颚式破碎机破碎后的天然石材

天然石材通过颚式破碎机破碎之后破碎面数量无显著变化，破碎前后破碎面基本为 6 个破碎面，集料表面带有棱角，表面无明显孔隙，破碎面较规则。

3. 再生集料锤式破碎机破碎前后表观特征分析

锤式破碎机主要是靠冲击能来完成破碎物料作业的。锤式破碎机工作时，电机带动转子做高速旋转，物料均匀地进入破碎机腔中，高速回转的锤头冲击、剪切、撕裂物料致物料被破碎，与此同时，物料自身的重力作用使物料从高速旋转的锤头冲向架体内的挡板、筛条，在转子下部设有筛板，粉碎物料中小于筛孔尺寸的粒级通过筛板排出，大于筛孔尺寸的物料阻留在筛板上继续受锤子的打击和研磨，直到破碎至所需出料粒级，最后通过筛板排出机外。

破碎前，如图 2.9 所示。

图 2.9　破碎前 3 号天然石材与再生集料

破碎后，如图 2.10 所示。

图 2.10　由锤式破碎机破碎后的再生集料

再生集料通过锤式破碎机破碎之后破碎面有明显变化，破碎前破碎面为 6 个，破碎后破碎面为 4 个、6 个、7 个、8 个，且破碎面较圆滑，大部分表面附着硬化水泥砂浆，一部分是与砂浆完全脱离的石子，还有一部分是破碎过程中砂浆形成的颗粒。

4. 天然集料锤式破碎机破碎前后表观特征分析

破碎前，如图2.11所示。

图2.11　破碎前4号天然石材与再生集料

破碎后，如图2.12所示。

图2.12　由锤式破碎机破后的碎天然石材

天然石材通过锤式破碎机破碎之后破碎面有明显变化，破碎前破碎面为6个，破碎后破碎面为4个、6个、7个、8个，破碎面较圆滑，与再生集料的表观特征无明显差别。

通过用颚式和锤式两种破碎机分别破碎天然石材和再生集料可以发现：

（1）用颚式破碎机破碎的再生集料和天然集料粒径较大，且破碎面较破碎之前无明显的数量变化，基本为 6 个破碎面，再生集料的破碎面不规则，天然集料的破碎面较规则，但两者破碎面都比较尖锐。

（2）锤式破碎机破碎的再生集料和天然集料粒径较小，破碎面有明显数量变化，且物料破碎面较颚式破碎机破碎出的物料破碎面更为圆滑，锤式破碎机破碎的再生集料和天然集料表观特征无明显差别。

（3）再生集料外形介于碎石和卵石之间，带有若干棱角，孔隙较多，大部分表面附着硬化水泥砂浆，其中一部分是与砂浆完全脱离的石子，还有一部分是破碎过程中砂浆形成的颗粒。天然集料表面圆滑，无明显孔隙，破碎面变化不明显。

2.5.2　对破碎后对破碎比的分析

破碎比就是破碎前物料的最大粒度与破碎后产品的最大粒度之比。

由于各国的习惯不同，最大粒度直径的取值方法不同。英美以 80% 物料能通过的筛孔宽度为最大粒度直径，我国以 95% 物料能通过的筛孔宽度为最大粒度直径。

本次实验所需要的实验原材料中，废旧混凝土试块和天然石材的规格为 100 mm × 100 mm × 100 mm，所以在破碎之前原材料要通过尺寸为 100 mm 的圆形方孔筛。锤式破碎机和颚式破碎机两种破碎方式破碎的集料粒径不同，需要用不同孔径的方孔筛分别筛分，颚式破碎机破碎后集料最大粒度直径为 16 mm，锤式破碎机破碎后集料最大粒度直径为 9.6 mm。

1. 对天然石材的破碎比分析

颚式破碎机破碎天然石材的破碎比如表 2.6 所示。

表 2.6　颚式破碎机破碎天然石材的破碎比

集料通过筛分粒径 /mm	1 号天然石材 通过相关粒径质量 /g	2 号天然石材 通过相关粒径质量 /g
> 9.6	820.6	681.2
4.75 ～ 9.6	45.4	34.8
2.36 ～ 4.75	29.4	19.1
1.18 ～ 2.36	11.3	10.5

集料通过筛分粒径 /mm	1号天然石材 通过相关粒径质量 /g	2号天然石材 通过相关粒径质量 /g
0.6 ~ 1.18	11	8.2
0.15 ~ 0.6	11.5	9.6
< 0.15	11.6	6.2
破碎比	6.25	

锤式破碎机破碎天然石，破碎比如表 2.7 所示。

表 2.7　锤式破碎机破碎天然石材的破碎比

集料通过筛分粒径 /mm	3号天然石材 通过相关粒径质量 /g	4号天然石材 通过相关粒径质量 /g
> 4.75	99.2	149.6
2.36 ~ 4.75	190.9	233.9
1.18 ~ 2.36	105.4	97.6
0.6 ~ 1.18	69.3	86.8
0.3 ~ 0.6	34.5	61.4
0.15 ~ 0.3	36.7	84.5
0.075 ~ 0.15	30.2	70.9
< 0.075	14.0	24.2
破碎比	10.416	

2. 对再生集料的破碎比分析

颚式破碎机破碎再生集料的破碎比如表 2.8 所示。

表 2.8　颚式破碎机破碎再生集料的破碎比

集料通过筛分粒径 /mm	1号再生集料 通过相关粒径质量 /g	2号再生集料 通过相关粒径质量 /g
> 9.6	554.6	509.3
4.75 ~ 9.6	108.4	59.6
2.36 ~ 4.75	62.8	35.7
1.18 ~ 2.36	29.8	14.3
0.6 ~ 1.18	16.9	10.2

集料通过筛分粒径 /mm	1 号再生集料 通过相关粒径质量 /g	2 号再生集料 通过相关粒径质量 /g
0.15 ~ 0.6	9.9	7.5
< 0.15	3.4	3
破碎比	6.25	

锤式破碎机破碎再生集料的破碎比如表 2.9 所示。

表 2.9 锤式破碎机破碎再生集料的破碎比

集料通过筛分粒径 /mm	3 号再生集料 通过相关粒径质量 /g	4 号再生集料 通过相关粒径质量 /g
> 4.75	137.4	172.4
2.36 ~ 4.75	203.7	243.6
1.18 ~ 2.36	97.2	92.3
0.6 ~ 1.18	64.7	74.2
0.3 ~ 0.6	28.3	36
0.15 ~ 0.3	22.2	31.4
0.075 ~ 0.15	17.8	26.1
< 0.075	6.9	14.8
破碎比	10.416	

通过表 2.6 至表 2.9 可以直观看出，再生集料和天然石材的破碎比只与破碎方式有关系，颚式破碎机破碎集料的破碎比为 6.25，锤式破碎机破碎集料的破碎比为 10.416，两种破碎方式破碎效果不同，锤式破碎机破碎的集料大粒径较少，石屑比较大，破碎比较大，原材料减少程度较大，而颚式破碎机破碎的大粒径集料较多，原材料减少程度较小。颚式破碎机与锤式破碎机集料比率对比如表 2.10 所示。

表 2.10　颚式破碎机与锤式破碎机集料比率对比

破碎方式	> 4.75 mm 集料比率（平均）	≤ 4.75 mm 集料比率（平均）
颚式破碎机	89.595%	10.405%
锤式破碎机	21.07%	78.93%

2.5.3　破碎后对石屑比的分析

本实验项目中 1 号、2 号物料为颚式破碎机破碎方式，3 号、4 号为锤式破碎机破粹方式，分析其石屑比。

石屑指的是轧制并筛分碎石所得的粒径为 2 ～ 10 mm 的粒料。采石场加工碎石时通过规格为 2.36 mm 或 4.75 mm 的筛子的筛下部分集料的统称。

本次实验分析石屑比采用的是大于 4.75 mm、2.36 ～ 4.75 mm、小于 2.36 mm 这三个粒径范围内的集料。

颚式破碎机破碎天然石材和再生集料后的石屑比如表 2.11 所示。

表 2.11　颚式破碎机破碎天然石材和再生集料后的石屑比

粒径范围 /mm	1 号天然石材 /g	2 号天然石材 /g	1 号再生集料 /g	2 号再生集料 /g
> 4.75	865	717	664	569
2.36 ～ 4.75	28	19	63	36
< 2.36	47	35	61	35
石屑比	7.98%	7%	15.74%	11.08%

锤式破碎机破碎天然石材和再生集料后的石屑比如表 2.12 所示。

表 2.12　锤式破碎机破碎天然石材和再生集料后的石屑比

粒径范围 /mm	3 号天然石材 /g	4 号天然石材 /g	3 号再生集料 /g	4 号再生集料 /g
> 4.75	101	150	137	173
2.36 ～ 4.75	190	234	203	244
< 2.36	292	428	239	276
石屑比	82.53%	81.23%	76.34%	74.93%

　　石屑是碎石加工过程中的副产品。其粒径一般小于 5 mm，通常含有一定数量的石粉，石屑主要的化学成分为二氧化硅、氧化钙、氧化铝和氧化铁等，石屑质地坚硬，表面粗糙多孔，有尖锐棱角，黏结性能良好。石屑是由机械破碎物料形成，其颗粒尖锐有棱角，这对骨料和水泥之间的结合是有利的，石屑对拌合物性能、力学性能、耐久性能都有影响，所以合理的石屑比能使建筑物的性能有很大的提升。

　　通过分析实验数据发现，颚式破碎机破碎后的集料石屑比较小，锤式破碎机破碎后的集料石屑比较大，石屑比的大小和破碎方式有直接关系。颚式破碎机破碎的集料中粒径大于 4.75 mm 的集料在所有破碎集料中占到了 90% 以上，而锤式破碎机破碎的集料中粒径小于 2.36 mm 的集料在所有破碎集料中占到了 60% 以上，所以石屑比的大小取决于破碎方式。

第3章 建筑垃圾再生骨料（RCA）性能研究

建筑垃圾在破碎之前需要经过剔筋、去杂质等一系列操作，最终形成的建筑垃圾再生骨料可以分为两大类，一类是水泥混凝土再生骨料（RCA）；另一类是砖混再生骨料，现分别对两类再生骨料展开研究。

3.1 水泥混凝土再生骨料RCA

利用山东某公司的破碎设备，如图 3.1 所示，将废弃的水泥混凝土破碎为粗细 RCA。

图 3.1　山东某公司破碎设备

3.1.1　常规路用性能

按照我国的《建设用砂》（GB/T 14684—2011）、《建设用卵石、碎石》（GB/T 14685—2011）中的试验方法，测试 RCA 的压碎值、表观相对密度、吸水率，同时测试经同种生产设备生产的蛇纹石集料的技术性能，结果如表 3.1 至表 3.3 所示。由结果可知，再生粗骨料的压碎值和吸水率较高，吸水率的平均值为 5.4%，压碎值和吸水率均大于规范的要求；再生细骨料密度偏小，不满足相关规范不小于 3.5 的要求。

表 3.1　再生粗骨料的技术性能

压碎值	表观相对密度	集料吸水率
19.7%	2.684	5.4%

表 3.2　蛇纹岩粗集料技术性能

压碎值	表观相对密度	集料吸水率
4.8%	2.690	0.39%

表 3.3　再生细骨料的技术性能

表观相对密度	砂当量	坚固性	棱角性
2.483	90.5%	5.2%	45 s

3.1.2　矿物组成

采用 X-ray Diffraction（XRD）分析再生骨料与天然碎石的矿物组成，结果如表 3.4 所示。由结果可知，再生骨料的主要成分是 SiO_2、Al_2O_3、Fe_2O_3、MgO、K_2O、$CaCO_3$ 和 CaO。再生骨料的矿物组成主要来自两部分：一是水泥硬化产物，主要有 C–S–H（$xCaO \cdot SiO_2 \cdot yH_2O$）、钙矾石（$3CaO \cdot Al_2O_3 \cdot CaSO_4 \cdot 32H_2O$）、单硫型硫铝酸钙（$3CaO \cdot Al_2O_3 \cdot CaSO_4 \cdot 12H_2O$）和 $Ca(OH)_2$，这些成分以非晶相的形式存在，占矿物组成的 30%。二是拌制水泥混凝土的碎石，主要成分为石英和斜长石。蛇纹岩的矿物组成成分主要是蛇纹石。

表3.4　再生骨料和蛇纹岩的化学组成

单位：%

样　品	石　英	斜长石	钾长石	方解石	羟钙石	白云石	辉　石	蛇纹石	伊利石	钙硅酸盐	高岭石	非晶相	未检出
蛇纹岩						2.3	1.8	95.9					
RCA	29.8	14.1	4.6	2.6	4.7	0.7			4	4	2.5	30	3

3.1.3　化学活性

采用 FIRT 傅立叶红外光谱分析了再生骨料与天然碎石的化学活性，并与常用集料对比，如图 3.2 所示。RCA 的吸收峰如图 3.3 所示，由结果可知，RCA 具备一定活性的硅酸盐以及 $Ca(OH)_2$。当再生骨料与水泥混凝土一同使用时，这些活性物质可能会与水泥水化产物中的 $Ca(OH)_2$ 发生火山灰反应，生成水硬性产物，形成附加强度。

图 3.2　试验用样本

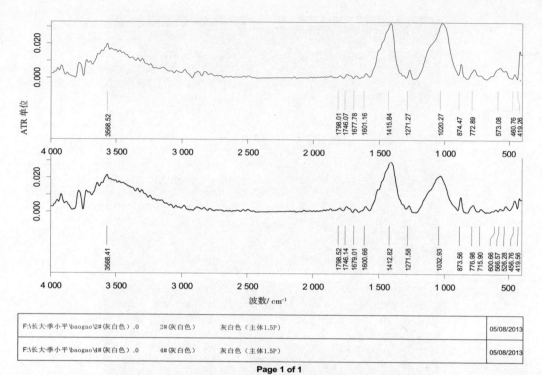

图 3.3　RCA 的吸收峰图

3.1.4　微观结构

采用 Scanning Electron Microscope（SEM）观测再生骨料与天然碎石（蛇纹岩）的表面结构，结果如图 3.4、图 3.5 所示。由结果可知，RCA 存在大量的孔隙与微裂缝。由于废弃混凝土表面附有硬化的水泥砂浆，其强度远低于天然碎石；再加上水泥砂浆与碎石的弱结合，以及捣实不致密，使得废弃混凝土在破碎过程中因损伤累积在内部造成大量微裂纹，导致再生骨料的孔隙率大、吸水率大、压碎值偏高；同时，RCA 表面比天然碎石更粗糙且有很多孔隙，混合料拌和过程中，水泥浆等胶结材料能够渗透 RCA 表面，进而提高界面强度。

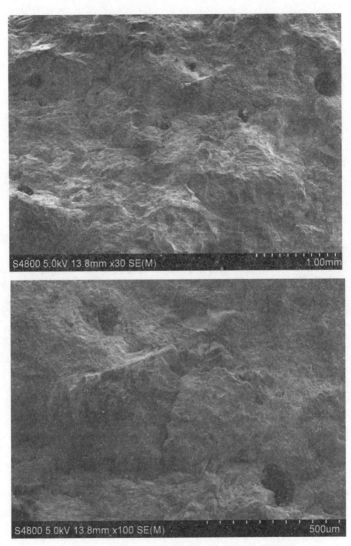

S4800 5.0kV 13.8mm x30 SE(M)　　　　　　　　　1.00mm

S4800 5.0kV 13.8mm x100 SE(M)　　　　　　　　500um

图 3.4　RCA 的 30 倍与 100 倍 SEM 图像

图 3.5　蛇纹岩的 30 倍与 100 倍 SEM 图像

3.1.5　再生骨料的加工特性

1. 粗集料针片状含量

再生粗骨料的针片状含量如表 3.5 所示。由结果可知，再生粗骨料的针片状含量高于蛇纹岩粗集料。

表 3.5　再生粗骨料和蛇纹岩粗集料的针片状含量

集料种类	针片状含量
再生粗骨料	9.1%
蛇纹岩粗集料	8.3%

2. 细集料棱角性、砂当量与粉尘含量

采用流动时间法测试再生细骨料的棱角性。砂当量与粉尘含量都是表征细集料洁净程度的指标，需加以控制。

再生细骨料与蛇纹岩细集料的砂当量、棱角性与粉尘含量如表 3.6 所示。由结果可知，再生细骨料的砂当量为 90.5%，比蛇纹岩高 21.6%，性能远远优于天然蛇纹岩；两者的棱角性分别为 45 s 和 42 s，两者基本一致；小于 0.075 mm 的颗粒含量分别为 3.4% 和 3.1%，两者基本一致。由此可知，废弃混凝土再生骨料的加工特性与天然石料基本一致。

表 3.6　再生细骨料和蛇纹岩细集料的技术性能

集料种类	砂当量	坚固性	棱角性	0.075 mm 颗粒通过率
再生细骨料	90.5%	5.2%	45 s	3.4%
蛇纹岩细集料	68.9%	7.5%	42 s	3.1%

3. 石屑比率

细集料是指尺寸小于 4.75 mm 或 2.36 mm 的颗粒，针片状含量与粉尘含量较大，属碎石破碎的尾料，也称为石屑，一般直接将石屑作为拌制混凝土的细集料。随着工程质量要求的提高，细集料逐渐采用质量更高的机制砂，而石屑则用来拌制非承重构件的水泥混凝土。在碎石生产过程中，会产生大量的石屑，大大降低粗集料（尺寸大于 4.75 mm 或 2.36 mm）的产量，因此，石屑比率逐渐成为衡量碎石加工工艺的一个重要指标。

石屑比率是指石屑占破碎后各档集料质量总和的比率。本课题对比了废弃混凝土与天然蛇纹岩的石屑比率，结果如表 3.7 所示。由结果可知，当采用相同的生产设备与工艺进行破碎时，废弃混凝土破碎产生的石屑远多于天然石材。

表 3.7 石屑比率

废弃混凝土	蛇纹岩
45%	38%

3.2 砖混再生骨料

建筑垃圾中，砖混结构的数量是巨大的，砖的含量从多方面影响着再生骨料的性质，本课题从砖含量对再生骨料的性能影响出发，对不同砖含量的再生粗骨料的性能进行了研究。在研究过程中，在再生骨料中砖的含量分别为 0%、20%、40%、60%、100%。

3.2.1 砖含量对建筑垃圾再生骨料坚固性的影响

再生骨料的坚固性对于水泥混凝土的强度具有较大的影响。坚固性试验主要按照《混凝土用再生粗骨料》（GB/T 25177—2010）的要求进行。将洗净并烘干的试样按要求筛分为 4.75 ~ 9.50 mm、9.50 ~ 19.0 mm、19.0 ~ 37.5 mm 的颗粒。筛分后依次浸入盛有硫酸钠溶液的容器中，浸泡 20 h 后，将试样从溶液中取出，放入干燥箱中于（105 ± 5）℃烘 4 h，至此，完成第一次试验循环。从第二次循环开始，浸泡与烘干时间均为 4 h，共循环两次。结束后将试样清洗干净（至清洗试样后的水加入少量氯化钡溶液不再出现白色浑浊为止）并烘干。最后进行质量计算。具体试验结果如图 3.6 所示。

由图 3.6 不难看出，随着砖含量的增加，再生骨料的坚固性逐渐变大，由砖含量 0% 时的 5.5% 增大至砖含量 100% 时的 9.6%。说明砖的掺入使得再生骨料的坚固性变强。《建设用卵石、碎石》（GB/T 14685—2011）中规定，卵石、碎石的质量损失（%）应满足：Ⅰ类 ≤ 5%，Ⅱ类 ≤ 8%，Ⅲ类 ≤ 12%。大部分的水泥混凝土路缘石属于 C45，即 Ⅱ类混凝土，根据上述试验结果，则可以对砖含量的坚固性给出合理的掺量范围。

根据图 3.6 可以得出砖含量与再生骨料坚固性的关系：

$$\alpha = 0.041\ 7T + 5.414\ 3 \tag{3.1}$$

式中 α ——坚固性试验的质量损失率（%）；

T ——再生骨料中砖的含量（%）。

若按照 II 类≤ 8% 来算，根据式（3.1），再生骨料中砖含量不宜超过 62%。值得说明的是，上述结论是根据本项目的试验结果得出的，建筑垃圾的来源复杂，不同的来源可能得出的结论不一样，所以上述结论仅供参考，具体数据需要通过具体的试验来确定。

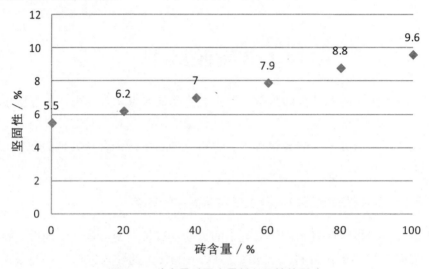

图 3.6　砖含量对再生骨料坚固性的影响

3.2.2　砖含量对建筑垃圾再生骨料压碎值的影响

按照《建设用卵石、碎石》（GB/T 14685—2011）中的规定取样，风干后筛除大于 19.0 mm 及小于 9.50 mm 的颗粒，并去除针片状颗粒，将剩余颗粒分为大致相等的三份备用。称取试样 3 000 g，精确至 1 g。将试样分两层装入圆模（置于底盘上）内，每装完一层试样后，在底盘下面垫放一直径为 10 mm 的圆钢，将筒按住，左右交替颠击地面各 25 次，两层颠实后，平整模内试样表面，盖上压头。当试样中粒径在 9.50 ～ 19.0 mm 之间的颗粒不足时，允许将粒径大于 19.0 mm 的颗粒破碎成粒径在 9.50 ～ 13.2 mm 之间的颗粒，并用作压碎指标值试验。当圆模装不下 3 000 g 试样时，以装至距圆模上口 10 mm 为准。把装有试样的模子子置于压力机上，开动压力试验机，按 1 kN/s 速度均匀加荷至 200 KN 并稳荷 5 s，然后卸荷。取下加压头，倒出试样，用孔径 2.36 mm 的筛筛除被压碎的细粒，称出留在筛上的试样质量，精确至 1 g。石料压碎值按式（3.2）计算，精确至 0.1%。

$$Q_e = \frac{G_1 - G_2}{G_1} \times 100 \qquad （3.2）$$

式中　Q_e——石料压碎值（%）；

　　　G_1——试样质量（g）；

　　　G_2——试验后未通过 2.36 mm 筛孔的细料质量（g）。

试验结果如图 3.7 所示。

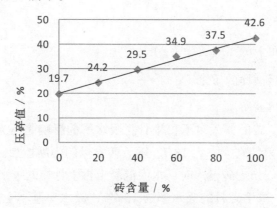

图 3.7　砖含量对再生骨料压碎值的影响

由图 3.7 可知，砖的掺入对于再生骨料压碎值的影响是巨大的，其主要原因是砖本身的强度不高，压碎值高达 49.6%。随着砖含量的不断增加，再生骨料的压碎值也逐渐增加。当无砖掺入时，水泥混凝土再生骨料的压碎值为 19.7%，而当砖含量为 80% 时，再生骨料的压碎值为 37.5%，压碎值基本上呈线型方式增长。

3.2.3　砖含量对建筑垃圾再生骨料吸水率的影响

在进行吸水率试验时，每份样品的质量需满足表 3.8 规定的数量，然后一分为二进行平行试验。

表 3.8　吸水率试验所需试样数量

石子最大粒径 /mm	9.5	16.0	19.0	26.5	31.5	37.5	63.0	75.0
最少试样质量 /kg	2.0	2.0	4.0	4.0	4.0	6.0	6.0	8.0

取一份试样置于盛水的容器中，水面应高出试样表面约 5 mm，浸泡 24 h 后，从水中取出，用湿毛巾将颗粒表面的水分擦干，即成为饱和面干试样，立即称出

其质量，精确至 1 g。将饱和面干试样放在干燥的烘箱中，在（105±5）℃下烘干至恒重，待冷却至室温后，称出其质量，精确至 1 g。吸水率按式（3.3）计算，精确至 0.1%：

$$W = \frac{G_1 - G_2}{G_2} \times 100\%$$（3.3）

式中　W——吸水率（%）；

G_1——饱和面干试样的质量（g）；

G_2——烘干后试样的质量（g）。

试验结果如图 3.8 所示。

由图 3.8 可知，砖的掺入对于再生骨料吸水率的影响是巨大的，其主要原因在于砖本身的吸水率特别大，为 18.7。随着砖含量的不断增加，再生骨料的吸水率也是逐渐提高的。当无砖掺入时，水泥混凝土再生骨料的吸水率为 5.4%，而当砖含量为 80% 时，再生骨料的吸水率为 15.6%，吸水率基本上呈线性方式增长。所以从吸水率角度来看，应当严格控制再生骨料中的砖含量。

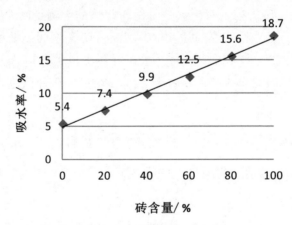

图 3.8　砖含量对再生骨料吸水率的影响

3.2.4　砖含量对建筑垃圾再生骨料密度的影响

将取来的试样用 5 mm（圆孔筛）标准筛过筛，用四分法缩分至符合要求的质量，分两份备用。沥青路面采用粗集料，应对不同规格的集料分别测定，不得混杂，所取的每一份集料试样应基本保持原有的级配。缩分后供测定密度和吸水率使用的粗集料质量应符合表 3.9 的规定。将每一份集料试样浸泡在水中，仔细洗去附在集料表面的尘土和石粉，多次漂洗至水清澈为止。清洗过程中不得丢失集料颗粒。

表 3.9　测定密度所需要的试样最小质量

圆孔筛公称最大粒径 /mm	10	16	20	25	31.5	40	63	80
每一份试样的最小质量 /kg	1	1	1	1.5	1.5	2	3	3

表观相对密度 γ_a、表干相对密度 γ_s、毛体积相对密度 γ_b 分别按式（3.4）、式（3.5）、式（3.6）计算，精确至小数点后 3 位。

$$\gamma_a = m_a / (m_a - m_w) \tag{3.4}$$

$$\gamma_s = m_f / (m_f - m_w) \tag{3.5}$$

$$\gamma_b = m_a / (m_f - m_w) \tag{3.6}$$

式中　γ_a——集料的表观相对密度，无量纲；

　　　γ_s——集料的表干相对密度，无量纲；

　　　γ_b——集料的毛体积密度，无量纲；

　　　m_a——集料的烘干质量（g）；

　　　m_f——集料的表干质量（g）；

　　　m_w——集料的水中质量（g）。

试验结果如图 3.9 所示。

由图 3.9 可知，砖的掺入对于再生骨料表观相对密度的影响是巨大的，无论是再生粗骨料还是再生细骨料，表观相对密度均表现出相似的变化规律。随着砖含量的不断增加，再生骨料的表观相对密度逐渐减小，表观相对密度基本上呈线性方式降低。当无砖掺入时，水泥混凝土再生骨料的表观相对密度为粗骨料 2.684，细骨料 2.483。当砖含量为 80% 时，再生骨料的表观相对密度为粗骨料 2.267，细骨料 2.207。出现上述现象的根本原因是砖本身的表观相对密度过小。所以从表观相对密度来看，应当严格控制再生骨料中的砖含量。

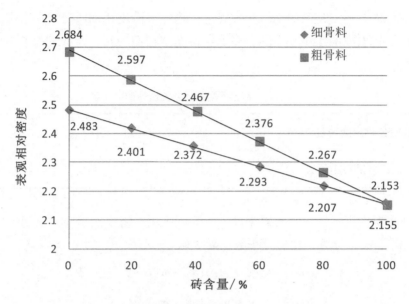

图 3.9　砖含量对再生骨料表观相对密度的影响

3.3　水泥混凝土再生骨料技术性能提升

3.3.1　水泥混凝土再生骨料化学强化

由以上研究可知，再生骨料本身存在微裂纹多、孔隙率大、吸水率大、密度小、压碎指标高等缺点，为满足使用要求需要对再生骨料进行强化或活化处理，一般有物理强化、化学强化两种方法。本研究采用化学强化方法。

选用有机硅树脂溶液、硅烷偶联剂、钛酸酯偶联剂三种活化剂进行相关试验研究，其技术指标如表 3.10 所示。有机硅树脂溶液的主要技术指标为固含量 ≥ 50%、干燥时间 ≤ 1 h/25 ℃、固化时间 2 h/180 ℃、耐热性 2 h/300 ℃。

表 3.10　活化剂的技术指标

活化剂	化学名	相对密度	溶解性	酸碱性	分解温度
硅烷偶联剂	$Y-R-Si(OR)_3$	0.946	可溶于水	碱性	260 ～ 262 ℃
钛酸酯偶联剂	$C_{57}H_{112}O_7Ti$	0.967 ～ 0.976	遇水分解	碱性	250 ～ 255 ℃

选用粒径为 5 ～ 10 mm、10 ～ 20 mm 的 RCA 并等比例混合。按 RCA 质量的 0%、2% 和 4% 分别喷洒 3 种活化剂，边喷洒边拌和，拌和 180 s 至活化剂均匀附着在 RCA 表面。放入 105 ℃的烘箱养护 12 h 后取出并冷却至室温。

测试活化前后 RCA 的压碎值、吸水率、毛体积相对密度和黏附性，以此选出最优的活化剂并确定其最佳剂量。

图 3.10 为活化前后 RCA 的压碎值。由结果可知，加入活化剂后，RCA 的压碎值降低，不同活化剂的效果有所不同，最优的为有机硅树脂，掺 2% 和 4% 的活化剂，RCA 的压碎值降为 13.5% 和 12.9%，与未活化的 RCA 的压碎值 19.7% 相比，分别降低 6.2% 和 6.8%。

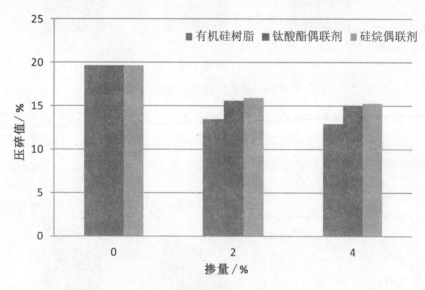

图 3.10　活化前后 RCA 的压碎值

图 3.11 为活化前后 RCA 的吸水率。由结果可知，加入活化剂后，RCA 的吸水率降低，且随着剂量的增加逐渐降低；当掺量相同时，不同活化剂对吸水率的改善效果不同，有机硅树脂的效果最佳；当剂量为 4% 时，有机硅树脂能够将再生骨料的吸水率降低到 2% 以下。

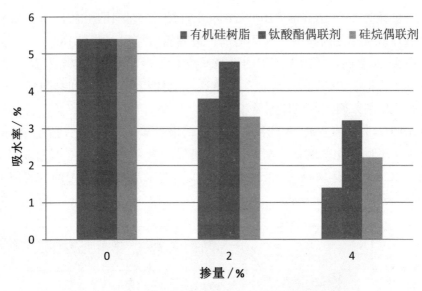

图 3.11　活化前后 RCA 的吸水率

图 3.12 为活化前后 RCA 的表观相对密度。由结果可知，活化前后再生骨料表观相对密度有一定程度的提高，硅烷偶联剂的效果最为明显，钛酸酯偶联剂次之，有机硅树脂效果最差。

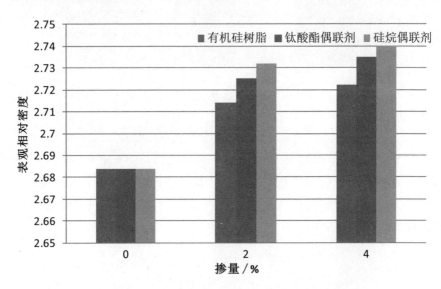

图 3.12　活化前后 RCA 的表观相对密度

通过上述分析可知，有机硅树脂在降低再生骨料压碎值、吸水率等方面性能

远远优于钛酸酯偶联剂及硅烷偶联剂，所以综合各项性能，选择有机硅树脂作为
再生骨料的最佳活化剂。

按压碎值最小、表观相对密度最大、吸水率最小确定有机硅树脂的最佳掺
量，经过计算确定其最佳掺量为 3.7%。

图 3.13 为活化前后 RCA 的 SEM 图像，由图像可知：未活化再生骨料的微孔
隙、裂痕清晰可见，活化后再生骨料的大部分孔隙被有效封堵，裂痕得到了一定程
度的修复；结构的修复提高了再生骨料的抗压碎性能、降低了吸水性、增大了表观
相对密度。有机硅树脂起着固化黏结的作用，使得 RCA 的强度与黏附性提高。

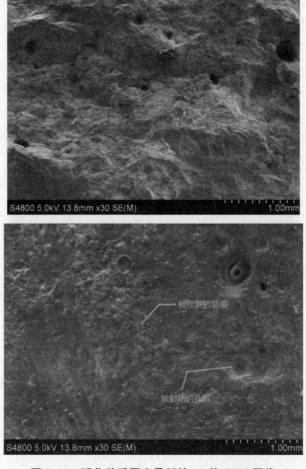

图 3.13　活化前后再生骨料的 30 倍 SEM 图像

3.3.2 水泥混凝土再生骨料的物理强化研究

再生集料是一种复合材料，即再生集料是由天然集料和硬化后的水泥砂浆等形成的复合材料。而水泥砂浆又是导致再生集料高吸水率、低强度的一个主要影响因素，所以减少复合材料中水泥砂浆的含量对于提高再生集料的质量将有很大的好处。

基于此，人们发现了物理强化再生骨料的方法，此方法主要是将再生集料和一定数量的钢球放入设备中，通过设备的旋转，再生集料和钢球之间就会相互碰撞和摩擦，从而使再生集料表面强度较低的水泥砂浆脱落，后经过筛分得到质量较高的再生集料。

在这种方法的基础上，人们又研发出了另外一种效果更好的加热研磨的方法，它的原理如下：水泥混凝土是一种多相非均质材料，不同组成成分具有不同的热膨胀系数，受热时不同组成成分的膨胀程度不同，在不同组成成分的界面处就会产生相对运动，造成界面的结构弱化和黏结力下降。在热处理的过程中天然集料和水泥砂浆间已经发生松动，经过研磨处理，水泥砂浆会更容易脱落，再经过筛分，处理掉脱落的砂浆粉料，就可以得到强度相对较高的再生集料。

基于这个原理，在试验中利用实验室常用的烘箱和洛杉矶磨耗仪进行模拟试验。准备 5～10 mm 和 10～20 mm 的再生集料 5 kg，将集料 1∶1 掺配，首先在 150 ℃烘箱中烘 3 h，然后迅速放入洛杉矶磨耗仪中。钢球的数量根据磨耗试验中钢球的选择方法选用 8 个，转动 300 圈、400 圈、500 圈，然后将钢球的数量变为 6 个、10 个，转动 400 圈。分别研究转动圈数和钢球数量对强化处理的影响，最后用压碎值和吸水率来评价强化的效果。

1. 圈数对强化处理效果的影响

钢球数量为 8 个时，转动不同圈数后再生集料的压碎值和吸水率试验结果如表 3.11 所示。

表 3.11　转动不同圈数后再生集料的压碎值和吸水率

转动圈数	压碎值	吸水率
处理前	26.7%	5.4%
300 圈	24.5%	4.8%
400 圈	22.7%	4.4%
500 圈	22.1%	4.2%

由表中数据可知：随着转动圈数的增加，压碎值和吸水率都有下降的趋势。经过 500 圈的研磨后再生集料的压碎值达到 22.1%，与天然集料差别不是很大，但是吸水率降低的幅度很小，依然高于规范规定的 3%。

由于再生集料受热后不同组成部分的膨胀系数不同，在不同成分分界面处造成相对运动，放入磨耗仪中，集料与集料、集料与钢球之间不断的碰撞摩擦，水泥砂浆和集料表面的一些强度较低的成分就会脱落，压碎值随之降低；但是强度较低的部分脱落后再生集料的表面仍然存在微裂缝和细小孔隙，水仍然可以从这些微裂缝和细小孔隙进入集料，造成集料的吸水率过高。转动圈数越多，集料与集料、集料与钢球之间的相互碰撞就越多，再生集料表面的水泥砂浆被除掉的就越多，压碎值和吸水率降低的就越多。

2. 钢球数量对强化处理效果的影响

钢球数量分别调整为 6 个和 10 个，转动 400 圈后再生集料的压碎值和吸水率试验结果如表 3.12 所示。

表 3.12　不同钢球数量转动 400 圈后再生集料的压碎值和吸水率

钢球数量	压碎值	吸水率
处理前	26.7%	5.4%
6 个	24.3%	4.6%
10 个	22.9%	4.2%

从表中数据可知：随着钢球数量的增加，再生集料的吸水率和压碎值都有所下降。钢球数量的增加使再生集料在相同转动圈数下受到钢球的冲击增多，表面的被除掉的水泥砂浆随之增多，而吸水率和压碎值也就越低。在转动 400 圈的情况下，10 个钢球可以使吸水率降低到 4.2%，但仍不满足规范 3% 的要求。

3. 对圈数和钢球数量对强化处理效果的影响的综合分析

通过对不同转动圈数和钢球数量处理后再生集料的压碎值和吸水率数据进行分析可知，压碎值有较明显的下降，说明强化处理后再生集料的强度有较大的提升，但是吸水率的下降幅度有限，在转动 400 圈、10 个钢球时降低到 4.2%，不符合规范规定 3% 的要求。钢球的数量越多，转动圈数越多，强化的效果就越好，但是转动圈数的增大会使能耗增大，在实际的生产过程中可适当地增加钢球的数量来节约能耗并达到相同的处理效果。

3.4 再生骨料分级标准

结合现有规范、再生骨料的技术特点，以及前人的研究成果，将再生骨料进行等级划分，主要依据压碎值、坚固性、表观相对密度以及吸水率等指标进行划分，同时也参照相关规范引进了其他指标。建筑用再生骨料等级划分结果如表3.13 和表3.14 所示。

表 3.13　再生粗骨料分级标准

技术指标	再生粗骨料技术分级标准		
	Ⅰ 类	Ⅱ 类	Ⅲ 类
坚固性	< 5.0%	< 10.0%	< 15.0%
压碎值	< 12.0%	< 20.0%	< 30.0%
吸水率	< 3.0%	< 5.0%	< 8.0%
表观密度 /（kg·m⁻³）	> 2 450	> 2 350	> 2 250
微粉含量	< 1.0%	< 2.0%	< 3.0%
泥块含量	< 0.5%	< 0.7%	< 1.0%
针片状	< 10		
空隙率	< 47%	< 50%	< 53%

表 3.14　再生细骨料分级标准

技术指标	再生细骨料技术分级标准		
	Ⅰ 类	Ⅱ 类	Ⅲ 类
坚固性	< 8.0%	< 10.0%	< 12.0%
压碎值	< 20.0%	< 25.0%	< 30.0%
表观密度 /（kg·m⁻³）	> 2 450	> 2 350	> 2 250

续　表

技术指标		再生细骨料技术分级标准								
		Ⅰ类			Ⅱ类			Ⅲ类		
微粉含量（按质量计）	MB 值< 1.4 或合格	< 5.0%			< 7.0%			< 10.0%		
	MB 值≥ 1.4 或不合格	< 1.0%			< 3.0%			< 5.0%		
泥块含量（按质量计）		< 1.0%			< 2.0%			< 3.0%		
再生胶砂强度比		细	中	粗	细	中	粗	细	中	粗
		>0.8	>0.9	>1.0	>0.7	>0.85	>0.95	>0.6	>0.75	>0.9
再生胶砂需水量比		细	中	粗	细	中	粗	细	中	粗
		<1.35	<1.30	<1.20	<1.55	<1.45	<1.35	<1.80	<1.70	<1.50
空隙率		< 46%			< 48%			< 52%		

　　结合表 3.13 可以确定再生骨料的技术分级，并在此基础上对再生骨料进行分类应用。需要说明的是，再生骨料来源复杂，分类、对其进行分级应用是科学应用的必要条件。在应用过程中也需要秉承资源利用最大化的原则，能用则用，不能用则不盲目用。

第 4 章　建筑垃圾再生骨料混凝土路缘石

综合分析国内外研究现状，评价建筑垃圾再生骨料混凝土路缘石的评价指标有很多，但最为关键的指标是强度和抗冻性，本章节针对强度和抗冻性这两项参数展开研究，并对建筑垃圾再生骨料混凝土路缘石的设计与性能进行试验研究。

4.1　再生混凝土配合比设计思路

再生混凝土配合比的设计流程如下。

4.1.1　确定再生混凝土的配制强度$f_{cu,0}$

（1）当设计强度等级小于 C60 时，再生混凝土的配制强度根据公式（4.1）确定：

小于 C60 时，

$$f_{cu,0} \geqslant f_{cu,k} + 1.645\sigma \tag{4.1}$$

式中　$f_{cu,0}$——混凝土配制强度（MPa）；

$f_{cu,k}$——混凝土立方体抗压强度标准值，这里取混凝土的设计强度等级值（MPa）；

σ——混凝土强度标准差（MPa）。

（2）当设计强度等级大于或等于 C60 时，配制强度应按下式计算：

$$f_{cu,0} \geqslant 1.15 f_{cu,k} \tag{4.2}$$

（3）若再生骨料来源单一，而且在施工中它的匀质性很好，σ 通过下述公式选取，否则，σ 值要适当调高。

①当施工单位有同一品种的再生混凝土资料时，σ 可用 $S_{f_{cu}}$ 代换，方法如下。

$$S_{f_{cu}} = \sqrt{\frac{\sum_{i=1}^{n} f_{cu,i}^2 - n m_{f_{cu}}^2}{n-1}} \qquad (4.3)$$

式中 $S_{f_{cu}}$——混凝土强度标准差（MPa）；

$f_{cu,\ i}$——第 i 组试件的强度（MPa）；

$m_{f_{cu}}$——n 组试件强度的平均值（MPa）；

n——试件的组数，$n \geqslant 30$。

②当施工单位没有历史统计资料时，σ 可按《普通混凝土配合比设计规程》（JGJ 55—2011）中的规定取值，如表 4.1 所示。

表 4.1 σ 取值表

混凝土强度等级	≤ C20	C25 ～ C45	C50 ～ C55
Σ /MPa	4.0	5.0	6.0

4.1.2 确定初步水胶比（W/B）及用水量（m_w）

依据上述步骤得出再生混凝土配制强度 $f_{cu,0}$ 和所用水泥的实际强度或者水泥的强度等级，当混凝土强度等级小于 C60 时，根据式（4.4）计算再生混凝土参考用水胶比：

$$\frac{W}{B} = \frac{\alpha_a f_{ce}}{f_{cu,0} + \alpha_a \alpha_b f_{ce}} \qquad (4.4)$$

式中 W/B——再生混凝土参考用水胶比；

α_a、α_b——回归系数；

f_{ce}——水泥 28 天胶砂抗压强度实测值（MPa）。

公式中的回归系数 α_a、α_b 依据《普通混凝土配合比设计规程》（JGJ 55—2011）里的数据选取，如表 4.2 所示。

表 4.2　回归参数 α_a、α_b 的取值

粗骨料类型	碎　石	卵　石
α_a	0.53	0.49
α_b	0.2	0.13

当水泥 28 天胶砂抗压强度值无实测值时，式（4.4）中的 f_{ce} 按下式计算：

$$f_{ce} = \gamma_c \cdot f_{ce,g} \qquad (4.5)$$

式中　γ_c——水泥强度等级值的富余系数，可按实际统计资料确定；

$f_{ce,g}$——水泥强度等级值（MPa）。

式（4.5）里的富余系数可依据《普通混凝土配合比设计规程》（JGJ 55—2011）里的数据取值，如表 4.3 所示。

表 4.3　水泥强度等级值的富余系数 γ_c

水泥强度等级值	32.5	42.5	52.5
富余系数	1.12	1.16	1.10

考虑到再生混凝土的各力学性能和耐久性能比普通混凝土要低，所以进行配合比初步设计时要适当调低由式（4.4）中得出的再生混凝土参考用水胶比 0.01 ～ 0.05，若再生粗骨料取代率相对较大时，水胶比宜降低 0.05，再按照《普通混凝土配合比设计规程》（JGJ 55—2011）里混凝土最大水胶比和最小水泥用量的规定，如表 4.4 所示，来确定再生混凝土的水胶比 W/B。

表 4.4　最大水胶比和最小水泥用量

最大水胶比	最小水泥用量 / (kg·m^{-3})		
	素混凝土	钢筋混凝土	预应力混凝土
0.6	250	280	300
0.55	280	300	300
0.50	320		
≤ 0.45	330		

查阅《普通混凝土配合比设计规程》（JGJ 55—2011）里面的单方混凝土的参考用水量，如表 4.5 和表 4.6 所示，在此基础上，增加再生骨料因吸水率高而需要的用水量，为最终的再生混凝土的用水量，由公式（4.6）计算可得。

$$m_w = m_w' + m_w'' \qquad (4.6)$$

式中　m_w——最终再生混凝土的用水量（kg/m³）；

　　　m_w'——单方混凝土的参考用水量（kg/m³）；

　　　m_w''——再生骨料因吸水率高而需要的用水量。

表 4.5　干硬性混凝土的用水量

单位：kg/m³

拌合物稠度		卵石最大公称粒径			碎石最大公称粒径		
项目	指标	10.0 mm	20.0 mm	40.0 mm	16.0 mm	20.0 mm	40.0 mm
维勃稠度	16～20 s	175	160	145	180	170	155
	11～15 s	180	165	150	185	175	160
	5～10 s	185	170	155	190	180	165

表 4.6　塑性混凝土的用水量

单位：kg/m³

拌合物稠度		卵石最大公称粒径				碎石最大公称粒径			
项目	指标	10.0 mm	20.0 mm	31.5 mm	40.0 mm	16.0 mm	20.0 mm	31.5 mm	40.0 mm
坍落度	10～30 mm	190	170	160	150	200	185	175	165
坍落度	35～50 mm	200	180	170	160	210	195	185	175
	55～70 mm	210	190	180	170	220	205	195	185
	75～90 mm	215	195	185	175	230	215	205	195

注：①本表用水量采用中砂时的取值。若采用细砂，每平方米混凝土用水量可增加 5～10 kg；若采用粗砂，则适当减少 5～10 kg。

②当需要拌入矿物掺合料和外加剂时，它的用水量也应相应调整。

4.1.3 确定 1 m³ 再生混凝土的水泥用量（m_c）

由上述步骤得出的 1 m³ 再生混凝土的水胶比（W/B）和用水量（m_w）后，可根据式（4.7）计算对应的水泥用量（m_c）。

$$m_c = \frac{m_w}{W/B} \qquad (4.7)$$

4.1.4 确定 1 m³ 再生混凝土的砂率（S_P）

砂率（S_P）应根据拌入的骨料技术指标以及混凝土拌合物性能和具体的施工要求，再结合现有的历史资料来确定。对于再生混凝土而言，再生粗骨料的表面比天然石材粗糙，选取砂率时，宜适当增大。若在现有基础上查不到历史资料时，确定混凝土砂率（S_P）也应该符合下面的规定。

①坍落度小于 10 mm 的混凝土，它的砂率应通过试验来确定。②当混凝土的坍落度在 10 ~ 60 mm 之间时，它的砂率根据粗骨料的品种、最大公称粒径及水胶比按表 4.7 选取。③坍落度大于 60 mm 的混凝土，它的砂率可通过试验来确定，也可在表 4.7 的基础上，按照坍落度每增大 20 mm、砂率增大 1% 的幅度予以调整。

表 4.7　混凝土的砂率

水胶比	卵石最大公称粒径			碎石最大公称粒径		
	10.0 mm	20.0 mm	40.0 mm	16.0 mm	20.0 mm	40.0 mm
0.4	26% ~ 32%	25% ~ 31%	24% ~ 30%	30% ~ 35%	29% ~ 34%	27% ~ 32%
0.5	30% ~ 35%	29% ~ 34%	28% ~ 33%	33% ~ 38%	32% ~ 37%	30% ~ 35%
0.6	33% ~ 38%	32% ~ 37%	31% ~ 36%	36% ~ 41%	35% ~ 40%	33% ~ 38%
0.7	36% ~ 41%	35% ~ 40%	34% ~ 39%	39% ~ 44%	38% ~ 43%	36% ~ 41%

注：①本表是中砂的选用砂率。对于细、粗砂，可相应地减少或增大砂率。

②当使用人工砂配制混凝土时，砂率可适当增大。

③当只用一个单粒级粗骨料配制混凝土时，砂率应适当增大。

4.1.5　确定 1 m³ 再生混凝土粗、细骨料的用量

当运用密度法来计算再生混凝土的配合比时，粗、细骨料用量应按式（4.8）来计算，砂率按式（4.9）计算。

$$m_c + m_w + m_s + m_g = m_{cp} \tag{4.8}$$

$$s_p = \frac{m_s}{m_g + m_s} \times 100\% \tag{4.9}$$

式中　m_s——1 m³ 混凝土的细骨料用量；

m_g——1 m³ 混凝土的粗骨料用量；

m_{cp}——1 m³ 混凝土拌合物的假定质量（kg/m³），可取 2 350 ～ 2 450 kg/m³；

s_p——砂率。

当运用体积法来计算混凝土的配合比时，粗、细骨料的量按式（4.10）来确定，砂率按式（4.9）确定。

$$\frac{m_c}{\rho_c} + \frac{m_w}{\rho_w} + \frac{m_s}{\rho_s} + \frac{m_g}{\rho_g} + \frac{m_f}{\rho_f} + 0.01\alpha = 1 \tag{4.10}$$

式中　ρ_c——水泥的密度（kg/m³），按《水泥密度测定方法》（GB/T 208—2014）测定，也可取 2 900 ～ 3 100 kg/m³；

ρ_w——水的密度（kg/m³），可取 1 000 kg/m³；

ρ_s——细骨料的表观密度（kg/m³），测定方法参照《普通混凝土用砂、石质量及检验方法标准》（JGJ 52—2006）；

ρ_g——粗骨料的表观密度（kg/m³），测定方法参照《普通混凝土用砂、石质量及检验方法标准》（JGJ 52—2006）；

ρ_f——矿物掺合料密度（kg/m³），测定方法参照《水泥密度测定方法》（GB/T 208—2014）；

α——混凝土的含气量百分数，当不使用引气型外加剂或引气剂时，α 可取 1。

在再生混凝土的配合比确定阶段，其中总用水量的确定很难。由于再生骨料

的吸水率较大，所以再生混凝土的用水量与普通混凝土的用水量相比多了再生细骨料和再生粗骨料因吸水率高而需要的水量。

4.2 再生细骨料对混凝土强度的影响

本项目设计了如下试验，研究再生细骨料对混凝土强度的影响。选取Ⅰ级、Ⅱ级和Ⅲ级三个等级的再生细骨料，等比例替换天然细骨料，粗骨料则全部采用天然粗骨料，然后进行如表 4.8 所示的试验设计，并进行配合比设计，最后开展抗折强度和抗压强度试验。

表 4.8　研究再生细骨料对混凝土强度影响的试验方案

天然粗骨料比例	再生细骨料比例		
	Ⅰ级	Ⅱ级	Ⅲ级
100%	0（工况 1-1）	0（工况 1-2）	0（工况 1-3）
80%	20%（工况 2-1）	20%（工况 2-2）	20%（工况 2-3）
60%	40%（工况 3-1）	40%（工况 3-2）	40%（工况 3-3）
40%	60%（工况 4-1）	60%（工况 4-2）	60%（工况 4-3）
20%	80%（工况 5-1）	80%（工况 5-2）	80%（工况 5-3）
0	100%（工况 6-1）	100%（工况 6-2）	100%（工况 6-3）

4.2.1　抗压强度

本试验采用 P·O42.5 水泥对表 4.8 中所述的 18 种工况进行了抗压强度试验，其水胶比为 0.45，试验结果如图 4.1 所示。

从图 4.1 中不难看出，再生细骨料的掺入对水泥混凝土抗压强度的影响较大，随着再生细骨料替换天然细骨料比例的提升，混凝土的抗压强度迅速降低，无论再生细骨料的等级如何，均呈现出相似的规律。通过比较Ⅰ级、Ⅱ级、Ⅲ级三个等级的再生细骨料发现，当再生细骨料替换天然集料的比例相同时，等级越高的再生细骨料造成的混凝土抗压强度降低的幅度越小。

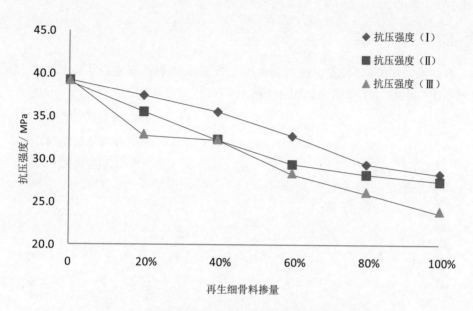

图 4.1　再生细骨料对混凝土抗压强度影响试验结果

上述现象说明，再生细骨料对混凝土的抗压强度具有一定的损害作用，且随着掺量的增大，损害作用逐渐增大。此外，在相同替换比例下，等级越低的再生细骨料对混凝土强度造成的损失就越大。图 4.2 是不同等级再生细骨料对混凝土抗压强度损失率影响程度的柱状图。

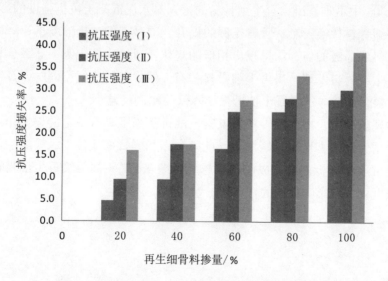

图 4.2　抗压强度损失率与再生细骨料掺量关系柱状图

4.2.2　抗折强度

本试验采用 P·O42.5 水泥对表 4.8 中所述的 18 种工况进行了抗折强度试验，其水胶比为 0.45，试验结果如图 4.3 所示。

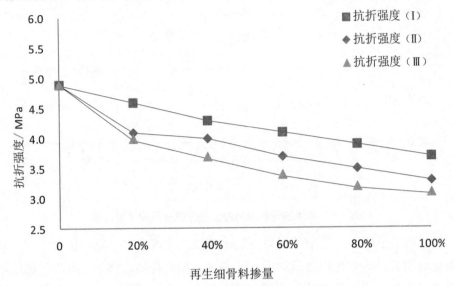

图 4.3　再生细骨料对混凝土抗折强度影响试验结果

从图 4.3 中不难看出，再生细骨料的掺入对水泥混凝土抗折强度的影响较大，随着再生细骨料替换天然细骨料比例的提升，混凝土的抗折强度迅速降低，无论再生细骨料的等级如何，均呈现出相似的规律。通过比较 Ⅰ 级、Ⅱ 级、Ⅲ 级三个等级的再生细骨料发现，当再生细骨料替换天然集料的比例相同时，等级越高的再生细骨料，其造成的混凝土抗折强度降低的幅度就越小。

上述现象说明，再生细骨料对混凝土的抗折强度具有一定的损害作用，且随着掺量的增大，损害作用逐渐增大。此外，在相同替换比例下，等级越低的再生细骨料对混凝土抗折强度造成的损失越大。图 4.4 是不同等级再生细骨料对混凝土抗折强度损失率影响程度的柱状图。

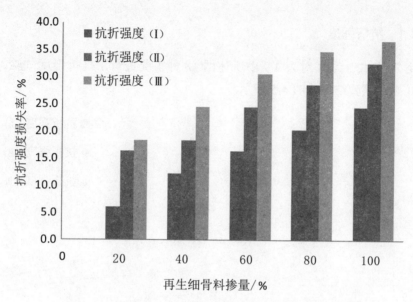

图 4.4　抗折强度损失率与再生细骨料掺量关系柱状图

4.3　再生粗骨料对混凝土强度的影响

本项目设计了如下试验，研究再生粗骨料对混凝土强度的影响。选取Ⅰ级、Ⅱ级、Ⅲ级三个等级的再生粗骨料等比例替换天然粗骨料，细骨料全部采用天然细骨料，然后进行如表 4.9 所示的试验，并进行配合比设计，最后开展抗折强度和抗压强度试验。

表 4.9　研究再生粗骨料对混凝土强度影响的试验方案

天然细骨料比例	再生粗骨料比例		
	Ⅰ 级	Ⅱ 级	Ⅲ 级
100%	0（工况 7–1）	0（工况 7–2）	0（工况 7–3）
80%	20%（工况 8–1）	20%（工况 8–2）	20%（工况 8–3）
60%	40%（工况 9–1）	40%（工况 9–2）	40%（工况 9–3）
40%	60%（工况 10–1）	60%（工况 10–2）	60%（工况 10–3）
20%	80%（工况 11–1）	80%（工况 11–2）	80%（工况 11–3）
0	100%（工况 12–1）	100%（工况 12–2）	100%（工况 12–3）

4.3.1 抗折强度

采用 P·O42.5 水泥对表 4.9 中所述的 18 种工况进行了抗折强度试验，其水胶比为 0.45，试验结果如图 4.5 所示。

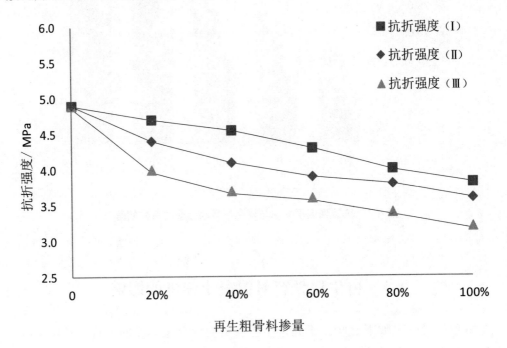

图 4.5　再生粗骨料对混凝土抗折强度影响试验结果

由图 4.5 不难看出，再生粗骨料的掺入对水泥混凝土抗折强度的影响较大，随着再生粗骨料替换天然粗骨料比例的提升，混凝土的抗折强度迅速降低，无论再生粗骨料的等级如何，均呈现出相似的规律。通过比较Ⅰ级、Ⅱ级、Ⅲ级三个等级的再生粗骨料发现，当再生粗骨料替换天然集料的比例相同时，等级越高的再生粗骨料造成的混凝土抗折强度降低的幅度越小。

上述现象说明，再生粗骨料对混凝土的抗折强度具有一定的损害作用，且随着掺量的增大，损害作用逐渐增大。此外，在相同替换比例下，等级越低的再生粗骨料对混凝土抗折强度造成的损失越大。图 4.6 是不同等级再生粗骨料对混凝土抗折强度损失率影响程度的柱状图。

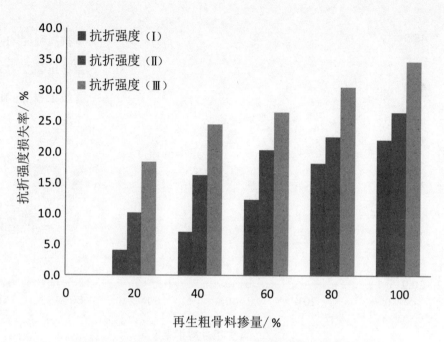

图 4.6　抗折强度损失率与再生粗骨料掺量关系柱状图

4.3.2　抗压强度

本项目采用 P · O42.5 水泥对表 4.9 中所述的 18 种工况进行了抗压强度试验，其水胶比为 0.45，试验结果如图 4.7 所示。

由图 4.7 不难看出，再生粗骨料的掺入对水泥混凝土抗压强度的影响较大，随着再生粗骨料替换天然粗骨料比例的逐渐提升，混凝土的抗压强度迅速降低，无论再生粗骨料的等级如何，均呈现出相似的规律。通过比较 I 级、II 级、III 级三个等级的再生粗骨料发现，当再生粗骨料替换天然集料的比例相同时，等级越高的再生粗骨料造成的混凝土抗压强度降低的幅度越小。

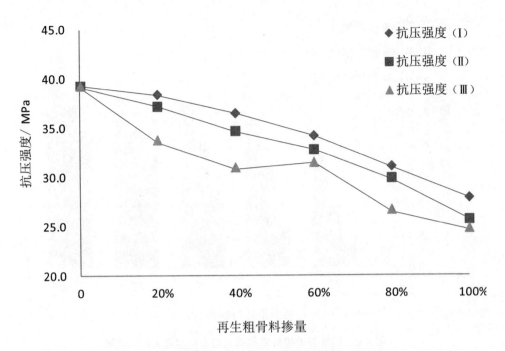

图 4.7　再生细骨料对混凝土抗压强度影响试验结果

　　上述现象说明，再生粗骨料对混凝土的抗压强度具有一定的损害作用，且随着掺量的增大，损害作用逐渐增大。此外，在相同替换比例下，等级越低的再生粗骨料对混凝土抗压强度造成的损失越大。图 4.8 是不同等级再生粗骨料对混凝土抗压强度损失率影响程度的柱状图。

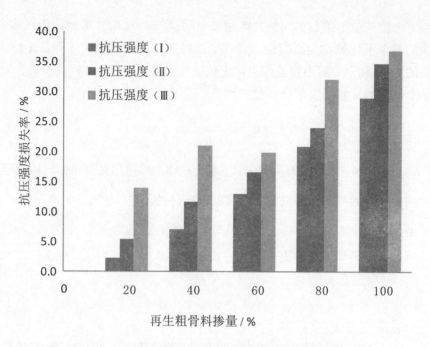

图 4.8　抗压强度损失率与再生粗骨料掺量关系柱状图

4.4　路缘石用建筑垃圾再生骨料混凝土抗冻性

强度损失率计算公式如下：

$$\Delta f_c = \frac{f_{c0} - f_{cn}}{f_{c0}} \times 100 \qquad (4.11)$$

式中　Δf_c——N 次冻融循环后的混凝土抗压强度损失率（％），精确至 0.1；

f_{c0}——对比用的一组混凝土试件的抗压强度测定值（MPa），精确至 0.1 MPa；

f_{cn}——经 N 次冻融循环后的一组混凝土试件抗压强度测定值（MPa），精确至 0.1 MPa。

f_{c0} 和 f_{cn} 的取值应按《普通混凝土长期性能和耐久性能试验方法标准》（GB/T 50082—2009）的要求的取三个试件抗压强度试验结果的算术平均值作为测定

值，当最大值或最小值与中间值之差超过中间值的 15% 时，应将此值剔除，取其余两值的算术平均值作为测定值；当三个试件抗压强度的最大值和最小值均超过中间值的 15% 时，应取中间值作为测定值。

单个试件的质量损失率计算公式如下：

$$\Delta W_{ni} = \frac{W_{0i} - W_{ni}}{W_{0i}} \times 100 \qquad (4.12)$$

式中　$n\Delta W_{ni}$——N 次冻融循环后第 i 个混凝土试件的质量损失率（%），精确至 0.01；

W_{0i}——冻融循环试验前第 i 个混凝土试件的质量（g）；

W_{ni}——N 次冻融循环后第 i 个混凝土试件的质量（g）。

一组试件的平均质量损失率计算公式如下：

$$\Delta W_n = \frac{\sum_{i=1}^{3} W_{ni}}{3} \times 100 \qquad (4.13)$$

ΔW_n 为 N 次冻融循环后一组混凝土试件的平均质量损失率（%），精确至 0.1。

每组试件的平均质量损失率应以三个试件质量损失率试验结果的算数平均值作为测定值。当试验结果中出现某个试件的质量损失率为负值时，应取 0，再取三个试件的算数平均值。当三个试件质量损失率中的最大值或最小值与中间值之差超过 1% 时，应将此值剔除，再取其余两值的算术平均值作为测定值；当最大值和最小值与中间值之差均超过 1% 时，应取中间值作为测定值。

4.4.1　外掺剂路缘石用建筑垃圾再生骨料混凝土抗冻性影响研究

限于成本问题，本研究不能无限制地使用多种外掺剂来提高路缘石用建筑垃圾再生骨料混凝土的抗冻性，本研究采用混凝土中常见的粉煤灰和防冻剂来展开试验研究。水泥为唐山弘也生产的 P·O 42.5 级水泥，其各项技术指标均满足相关规范的要求；水采用饮用水；粉煤灰采用大唐鲁北生产的 F 类粉煤灰；早强抗冻剂采用天津鑫永强生产的 SP406，其技术指标如表 4.10 所示。

本书为了研究粉煤灰和早强防冻剂 SP406 对 C30 建筑垃圾再生骨料路缘石用混凝土抗冻性能的影响规律，固定了材料的配比，每立方米混凝土的材料用量：水泥 366 kg，水 165 kg，粗集料（石）1 247 kg，细集料（砂）672 kg。采用建筑垃圾再生细集料和再生粗集料等比例替换天然细集料和天然粗集料，替换比例均为 40%，再生细集料和再生粗集料的材料等级均为 Ⅱ 级，水的用量考虑 SP406 的减水作用。

表 4.10　早强防冻剂 SP406 技术指标

序　号	检测项目		标准规定	实测值
1	减水率		/	26%
2	泌水率比		≤ 100%	30%
3	含气量		≥ 2.0%	3.4%
4	抗压强度比（–10 ℃）	R_{-7}	≥ 10%	18%
		R_{28}	≥ 95%	121%
		R_{-7+28}	≥ 85%	107%
		R_{-7+56}	≥ 100%	113%
5	28 d 收缩率比		≤ 135%	110%
6	渗透高度比		≤ 100%	75%
7	对钢筋锈蚀作用		说明对钢筋有无锈蚀作用	无锈蚀

1. 试验设计

针对研究目的，采用等量取代法制备粉煤灰掺量分别为 0%、10%、20%、25%、30% 的 C30 建筑垃圾再生骨料路缘石用混凝土立方体试件（切割法，下同），试件尺寸为 100 mm × 100 mm × 100 mm；此外制备 SP406 掺量（水泥质量百分比）分别为 0%、1%、2%、3%、4% 的 C30 建筑垃圾再生骨料路缘石用混凝土试件，试件尺寸为 100 mm × 100 mm × 100 mm。利用冻融试验机对制备的试件进行冻融循环试验，冻融介质分别采用饮用水以及 5% 的 Na_2SO_4 溶液。每循环 20 次，取出试件（同一类不少于 3 个）测试质量损失率以及抗压强度，冻融循环次数为 120 时试验停止。

2. 试验结果与分析

整理试验结果并绘图，图 4.9 是以饮用水为冻融介质时，不同粉煤灰掺量下

C30 建筑垃圾再生骨料路缘石用混凝土试件的质量损失率与冻融循环次数的关系图；图 4.10 是以 5% 的 Na_2SO_4 溶液为冻融介质时，不同粉煤灰掺量下的质量损失率与冻融循环次数的关系图。

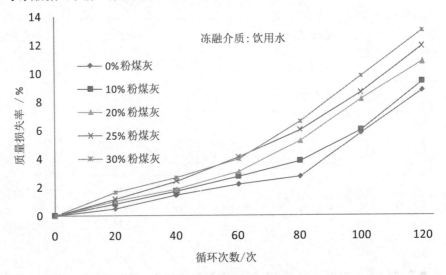

图 4.9　冻融介质为饮用水时质量损失率与冻融循环次数的关系

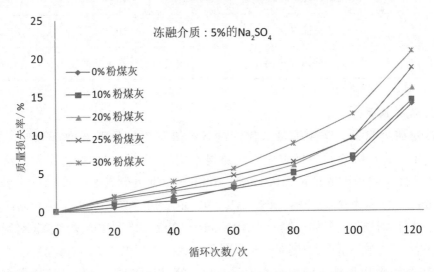

图 4.10　冻融介质为 5% 的 Na_2SO_4 溶液时质量损失率与冻融循环次数的关系

　　从图 4.9 和图 4.10 中不难看出，当冻融循环次数小于 40 时，无论是哪种冻融介质，C30 建筑垃圾再生骨料路缘石用混凝土试件的质量损失率均较小，出现上述现象的原因是 C30 建筑垃圾再生骨料路缘石用混凝土内部有一定数量的微小孔隙，在试验过程中吸收了一定质量的冻融介质，而此时试件并没有产生较大的质量损失，因此，质量损失率在数值上表现较小。

当循环次数小于 40 时，不同粉煤灰掺量的 C30 建筑垃圾再生骨料路缘石用混凝土的冻融循环质量损失率相仿，不易区分；当冻融循环次数超过 40，且粉煤灰掺量在 0% 时，C30 建筑垃圾再生骨料路缘石用混凝土在各次数冻融循环试验中的质量损失率均为最小值，这一规律适用于不同的冻融循环介质；随着粉煤灰掺量的逐渐增大，同循环次数下的质量损失率也增大，这说明粉煤灰的掺入使得 C30 建筑垃圾再生骨料路缘石用混凝土的抗冻性降低。

图 4.11 和图 4.12 为不同粉煤灰掺量下 C30 建筑垃圾再生骨料路缘石用混凝土试件立方体抗压强度损失率与冻融循环次数的关系图，冻融介质分别为饮用水和 5% 的 Na_2SO_4 溶液。

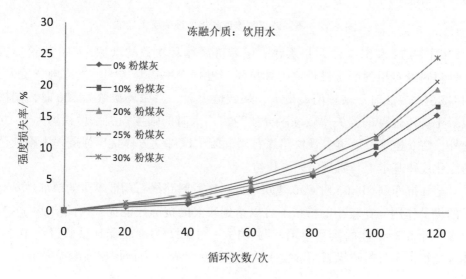

图 4.11　不同粉煤灰掺量的强度损失率（水冻）

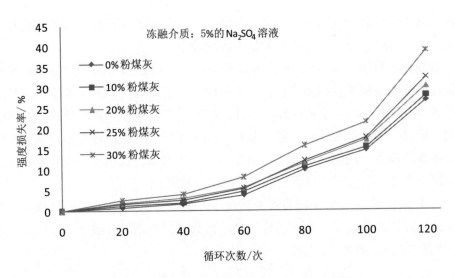

图 4.12　不同粉煤灰掺量的强度损失率（盐冻）

由图 4.11 和图 4.12 可以看出，随着冻融循环次数的增加，C30 建筑垃圾再生骨料路缘石用混凝土试件立方体抗压强度损失率逐渐增大。当冻融介质为 5% 的 Na_2SO_4 溶液时，增幅明显变大，从数值上看，当循环次数为 120 时，同掺量混凝土抗压强度的损失率较冻融介质为饮用水时的强度损失率增幅均大于 10%。此外，C30 建筑垃圾再生骨料路缘石用混凝土试件立方体抗压强度损失率数值上的变化规律基本上与质量损失率相仿。

早强抗冻剂 SP406 对 C30 建筑垃圾再生骨料路缘石用混凝土的抗冻性具有明显的提升作用，在较小的掺量下可以达到较大的抗冻性能提升，试验表明 SP406 存在一个相对最佳的掺量范围。图 4.13 ～图 4.16 为冻融循环试验过程中，C30 建筑垃圾再生骨料路缘石用混凝土的质量损失率及立方体抗压强度损失率。

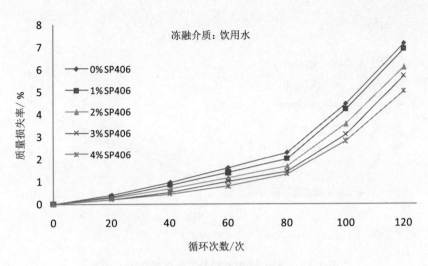

图 4.13　不同 SP406 掺量的质量损失率（水冻）

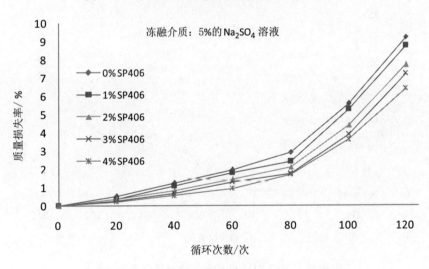

图 4.14　不同 SP406 掺量的质量损失率（盐冻）

图 4.13 和图 4.14 表明，在冻融循环早期，无论是以饮用水还是以 5% 的 Na_2SO_4 溶液作为冻融介质，C30 建筑垃圾再生骨料路缘石用混凝土的质量损失率均较小，其原因是混凝土内部孔隙吸收的水分质量与冻融损失质量相差不大。随着循环次数的继续增加，C30 建筑垃圾再生骨料路缘石用混凝土的质量损失率呈现出逐渐增大的趋势，且当冻融介质为 5% 的 Na_2SO_4 溶液时，增幅更明显。当 SP406 掺量在 0.3% 左右时，C30 建筑垃圾再生骨料路缘石用混凝土拥有相对最小的冻融循环质量损失率。

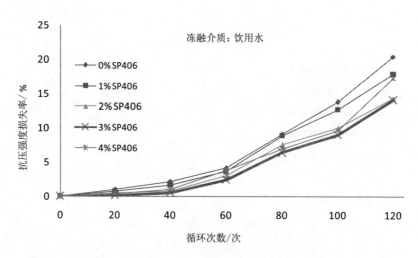

图 4.15　不同 SP406 掺量的强度损失率（水冻）

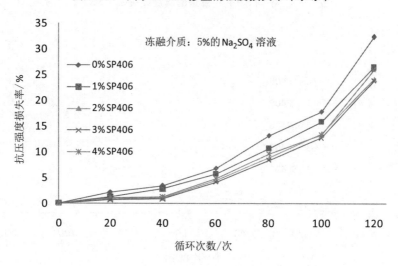

图 4.16　不同 SP406 掺量的强度损失率（盐冻）

　　由图 4.15 和图 4.16 可以看出，随着循环次数的增加，混凝土的抗压强度损失率逐渐增大，当冻融介质为 5% 的 Na_2SO_4 溶液时，增加的数值相对较大。此外，当 SP406 掺量在 0.3% 左右时，C30 建筑垃圾再生骨料路缘石用混凝土拥有相对最小的冻融循环立方体抗压强度损失率。

4.4.2　生产工艺对路缘石用建筑垃圾再生骨料混凝土抗冻性影响的研究

　　混凝土成型是指通过人工或者机械的方式，将搅拌后的混凝土拌合物按照预期的模型硬化。混凝土成型实质上是成型和密实两个过程同步进行的，成型是混凝土拌合物在模型内流动并充满模型，从而获得所需的外形；密实是混凝土拌合物向其内部空隙流动，填充空隙而达到结构密实。换句话说，混凝土成型是指混凝土在达到一定的密实结构的同时按照设计的形状成型。常见的混凝土成型方式有以下几大类：振动、捣棒人工插捣、免振捣、压力、脱水成型等。

振动成型按照激振器工作位置的不同可分为振动台、表面振动器（平板式振动成型）、内部振动器（插入式振动成型）、外部振动器（附着式振动成型）。压力成型包括：挤压、静压、振压等。脱水成型包括：离心脱水成型、真空脱水成型。真空脱水成型按照吸管布置位置的不同可分为上吸法、下吸法、侧吸法、内吸法。按照国标规定，实验室常用的成型方式有振动台振实法、人工插捣法、插入式振捣棒振实法。混凝土施工工程现场常用的成型方式是插入式振捣棒振实法。在混凝土路缘石的制备过程中，常常采用静压成型和振动成型的方式。

本项目选取振动成型、静压成型两种方式展开生产工艺对路缘石用建筑垃圾再生骨料混凝土抗冻性影响研究。振动成型的振动频率为 50 Hz，按 95% 的压实率控制试件的成型；静压成型过程中的压力为 80 kN。

本项目以 C30 建筑垃圾再生骨料路缘石用混凝土的抗冻性能为例研究上述两种成型方式，固定了材料的配比，每立方米混凝土用量：水泥 366 kg，水 165 kg，粗集料（石）1 247 kg，细集料（砂）672 kg，采用建筑垃圾再生细集料和再生粗集料均等比例替换天然细集料和粗集料，替换比例均为 40%，再生细集料和再生粗集料材料等级均为 II 级。试件尺寸为 100 mm × 100 mm × 100 mm。利用冻融试验机对所制备的试件进行冻融循环试验，冻融介质分别采用饮用水和 5% 的 Na_2SO_4 溶液。每循环 20 次，取出试件（同一类不少于 3 个）测试质量损失率以及抗压强度，冻融循环次数达到 120 时试验停止。

图 4.17 是采用振动成型、静压成型两种方式制备的 C30 建筑垃圾再生骨料路缘石用混凝土的质量损失率（水冻）。

从图 4.17 中可以看出，相同冻融循环次数下，静压成型的 C30 建筑垃圾再生骨料路缘石用混凝土试块比振动成型的质量损失率要大很多，这说明采用振动成型制备的 C30 建筑垃圾再生骨料路缘石用混凝土试件的抗冻性要更佳，其原因在于采用振动成型比采用静压成型制备的试件的密实程度要更大。

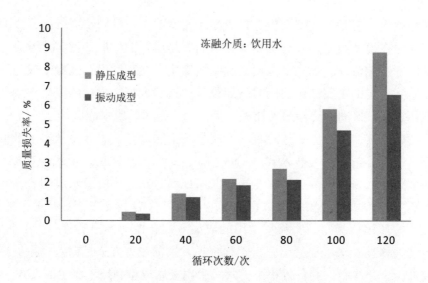

图 4.17　不同成型方式的质量损失率（水冻）

图 4.18 是采用振动成型、静压成型两种方式制备的 C30 建筑垃圾再生骨料路缘石用混凝土的质量损失率（盐冻）。

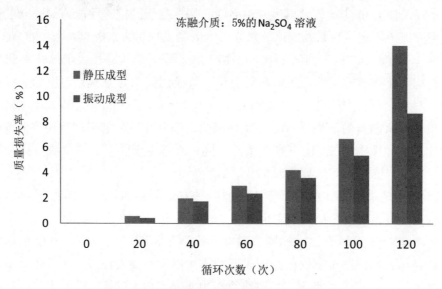

图 4.18　不同成型方式的质量损失率（盐冻）

和以饮用水为冻融介质的试验结果类似，在冻融介质为 5% 的 Na_2SO_4 溶液时，相同冻融循环次数下，静压成型的 C30 建筑垃圾再生骨料路缘石用混凝土试块比振动成型的试块质量损失率要大很多，不过相对于冻融介质为饮用水时的数

值增幅明显，如图 4.18 所示。上述现象说明振动成型的 C30 建筑垃圾再生骨料
路缘石用混凝土试件的抗冻性要更佳，其原因在于振动成型试件比静压成型的试
件的密实程度要更大。

　　图 4.19 是采用振动成型、静压成型两种方式制备的 C30 建筑垃圾再生骨料
路缘石用混凝土的强度损失率（水冻）。

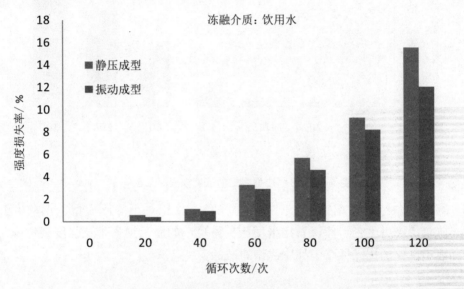

图 4.19　不同成型方式的强度损失率（水冻）

　　从图 4.19 中可以看出，相同冻融循环次数下，静压成型的 C30 建筑垃圾再
生骨料路缘石用混凝土试块比振动成型试块的强度损失率要大很多，且这种差距
随着循环次数的增大而愈发明显，呈指数型增长。这说明采用振动成型的 C30 建
筑垃圾再生骨料路缘石用混凝土试件的抗冻性要更佳，其原因同样在于振动成型
试件比静压成型的试件的密实程度要更大。

　　图 4.20 是采用振动成型、静压成型两种方式制备的 C30 建筑垃圾再生骨料
路缘石用混凝土的强度损失率（盐冻）。

　　和以饮用水为冻融介质的试验结果类似，在冻融介质为 5% 的 Na_2SO_4 溶液
时，相同冻融循环次数下，静压成型的 C30 建筑垃圾再生骨料路缘石用混凝土试
块比振动成型的试块强度损失率要大很多，不过相对于冻融介质为饮用水时的数
值增幅明显，如图 4.20 所示。上述现象说明振动成型的 C30 建筑垃圾再生骨料
路缘石用混凝土试件的抗冻性要更佳，其原因在于振动成型试件比静压成型的试
件的密实程度要更大。

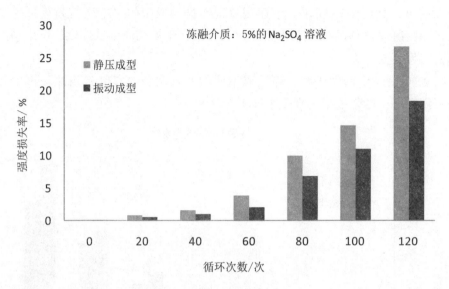

图 4.20　不同成型方式的强度损失率（盐冻）

综合试验结果不难得出，同等试验条件下，相对于静压成型，振动成型的 C30 建筑垃圾再生骨料路缘石用混凝土拥有更小的质量损失率及强度损失率，即振动成型试件的抗冻性高于静压成型的试件。

4.5　建筑垃圾再生混凝土路缘石设计与性能研究

4.5.1　原材料技术指标要求

1.建筑垃圾再生骨料适用条件

根据现行规范、再生骨料的技术特点，以及前人的研究成果，在第三章再生骨料等级划分成果的基础上，进一步补充再生骨料的相关技术标准，除压碎值、坚固性、表观相对密度以及吸水率等指标外，也参照相关规范引进了其他指标，特别是颗粒级配指标。具体划分结果如表 4.11、表 4.11 及表 3.13、表 3.14 所示所示。

表 4.11　颗粒级配

砂的分类	天然砂			机制砂		
级配区	1 区	2 区	3 区	1 区	2 区	3 区
放筛孔	累计筛余					
4.75 mm	10%～0	10%～0	10%～0	10%～0	10%～0	10%～0
2.36 mm	35%～5%	25%～0	15%～0	35%～5%	25%～0	15%～0
1.18 mm	65%～35%	50%～10%	25%～0	65%～35%	50%～10	25%～0
600 μm	85%～71%	70%～41%	40%～16%	85%～71%	70%～41%	40%～16%
300 μm	95%～80%	92%～70%	85%～55%	95%～80%	92%～70%	85%～55%
150 μm	100%～90%	100%～90%	100%～90%	97%～85%	94%～80%	94%～75%

表 4.12　级配类别

类别	I	II	III
级配区	2 区	1、2、3 区	

2. 水泥与粉煤灰

水泥为唐山弘也生产的 P·O 42.5 级，其各项技术指标均满足相关规范的要求，详情如表 4.13 所示；粉煤灰采用大唐鲁北生产的 F 类粉煤灰，其技术指标如表 4.14 所示。

表 4.13　P·O 42.5 水泥技术指标

序　号	检测项目	标准规定	实测值
1	细度（0.045 mm 方孔筛筛余）	≤ 12%	10.8%
2	烧失量	≤ 5.0%	2.9%
3	三氧化硫	≤ 3.5%	2.1%
4	含水量	≤ 1%	0.5%

表 4.14　I 级 F 类粉煤灰技术指标

序　号	检测项目	标准规定	实测值
1	烧失量	≤ 5.0%	3.4%
2	三氧化硫	≤ 3.0%	2.1%
3	含水量	≤ 1.0%	0.8%
4	强度活性指数	≥ 70.0%	72.5%

3. 外加剂

早强抗冻剂采用天津鑫永强生产的 SP406，其技术指标如表 4.15 所示。

表 4.15　早强防冻剂 SP406 技术指标

序　号	检测项目		标准规定	实测值
1	减水率		/	26%
2	泌水率比		≤ 100%	30%
3	含气量		/	3.4%
4	抗压强度比	1 d	≥ 10%	148%
		3 d	≥ 130%	141%
		7 d	≥ 110%	117%
		28 d	≥ 100%	113%

4. 水

采用饮用水。

5. 天然集料

本项目所采用的天然集料的技术指标如表 4.16 和表 4.17 所示。

表 4.16　天然粗骨料技术指标

技术指标	天然粗骨料	粗骨料技术分级标准		
	Ⅱ类	Ⅰ类	Ⅱ类	Ⅲ类
压碎值	16.2%	< 12.0%	< 20.0%	< 30.0%
吸水率	1.35%	< 3.0%	< 5.0%	< 8.0%
表观密度 /（kg·m⁻³）	2 716	> 2 450	> 2 350	> 2 250
针片状	5.4%	< 10%		

表 4.17　天然细骨料技术指标

技术指标	天然细骨料	细骨料技术分级标准		
	Ⅱ类	Ⅰ类	Ⅱ类	Ⅲ类
坚固性	7.2%	< 8.0%	< 10.0%	< 12.0%
压碎值	16.2%	< 20.0%	< 25.0%	< 30.0%
表观密度 /（kg·m⁻³）	2 720	> 2 450	> 2 350	> 2 250
泥块含量	1.12%	< 1.0%	< 2.0%	< 3.0%

6．再生集料

本研究所采用的再生粗骨料的技术指标如表 4.18 所示；再生细骨料的技术指标如表 4.21 所示。

表 4.18　再生粗骨料技术指标

技术指标	再生粗骨料	再生粗骨料技术分级标准		
	Ⅱ类	Ⅰ类	Ⅱ类	Ⅲ类
压碎值	19.7%	< 12.0%	< 20.0%	< 30.0%
吸水率	4.69%	< 3.0%	< 5.0%	< 8.0%
表观密度 /（kg·m⁻³）	2 355	> 2 450	> 2 350	> 2 250
泥块含量	0.64%	< 0.5%	< 0.7%	< 1.0%

续　表

技术指标	再生粗骨料	再生粗骨料技术分级标准		
	Ⅱ类	Ⅰ类	Ⅱ类	Ⅲ类
针片状颗粒（按质量计）	9.1%	< 10%		

表 4.21　再生细骨料技术指标

技术指标	再生细骨料	细骨料技术分级标准		
	Ⅱ类	Ⅰ类	Ⅱ类	Ⅲ类
坚固性	5.2%	< 8.0%	< 10.0%	< 12.0%
压碎值	24%	< 20%	< 25%	< 30%
表观密度 / (kg·m^{-3})	2 364	> 2 450	> 2 350	> 2 250
泥块含量	1.65%	< 1.0%	< 2.0%	< 3.0%

4.5.2　建筑垃圾再生混凝土路缘石的力学性能要求

1. 建筑垃圾再生混凝土路缘石分类

根据中华人民共和国建材行业标准《混凝土路缘石》(JC/T 899—2016) 中的规定，混凝土路缘石的规格尺寸及截面模量应符合表 4.19 和表 4.20 的规定。

表 4.19　H、T、R、F、P 型路缘石规格尺寸、截面模量

型　号	宽度 b/mm	高度 h/mm	长度 l/mm	截面模量 W_{ft} /cm³
H_1	250	350	1 000 750 500	3 450
H_2	240	300		2 715
H_3	200	300		1 871
H_4	180	300		1 510
H_5	180	250	1 000 750 500	1 238
H_6	170	280		1 245
H_7	150	420		1 490
H_8	150	300		1 037
H_9	150	250		850
T_1	150	350		1 311
T_2	120	300	1 000 750 500 150	719
T_3	100	300		499
T_4	100	250		415
T_5	80	250		265
R_1	180	220	1 000 750 500	1 146
R_2	150	350		1 178
R_3	150	220		792
F_1	200	250	1 000 500 350	1 581
F_2	200	200		1 222
F_3	150	220		783
F_4	120	350		816

续　表

型　号	宽度 b/mm	高度 h/mm	长度 l/mm	截面模量 W_{ft}/cm³
P_1	500	150		1 875
P_2	300	120	1 000 750 500	720
P_3	150	120		360

表 4.20　RA 型路缘石规格尺寸

型　号	总宽度 b_1/mm	顶面宽度 b_2/mm	总高度 h_1/mm	底座最小高速 h_2/mm	长度 l/mm
RA_1	740	150	350 ～ 400	175	500
RA_2	450	110	300 ～ 400	185	500
RA_3	250	120	350	120	250 500 750
RA_4	250	120	300	120	250 500 750
RA_5	250	100	250	100	250 500 750

本研究通过制备 500 mm × 300 mm × 100 mm T_3 型建筑垃圾再生混凝土路缘石试件进行试验研究。

2. 建筑垃圾再生混凝土路缘石性能要求

根据中华人民共和国建材行业标准《混凝土路缘石》（JC/T 899—2016）中的规定，建筑垃圾再生混凝土路缘石的外观质量、尺寸偏差、力学性能、物理性能应符合如下要求。

（1）外观质量。建筑垃圾再生混凝土路缘石外观质量应符合表 4.21 的规定。

表 4.21　外观质量

序　号	项　目	要　求
1	缺棱掉角影响顶面或正侧面的破坏最大投影尺寸 /mm	≤ 15

续　表

2	面层非贯穿裂纹最大投影尺寸 /mm	≤ 10
3	可视面粘皮（脱皮）及表面缺损最大面积 /mm²	≤ 30
4	贯穿裂纹	不允许
5	分层	不允许
6	色差、杂色	不明显

（2）尺寸偏差。建筑垃圾再生混凝土路缘石尺寸偏差应符合表 4.22 的规定。

表 4.22　尺寸允许偏差

单位：mm

序　号	项　目	要　求
1	长度（l）	+4 −3
2	宽度（b）	+4 −3
3	高度（h）	+4 −3
4	平整度	≤ 3
5	垂直度	≤ 3
6	对角线差	≤ 3

（3）力学性能。

①直线型建筑垃圾再生混凝土路缘石抗折强度。建筑垃圾再生混凝土路缘石应进行抗折强度试验，并应符合表 4.23 的规定。

表 4.23　抗折强度

单位：MPa

强度等级	$C_f 3.5$	$C_f 4.0$	$C_f 5.0$	$C_f 6.0$
平均值 $\overline{C}_f$	≥ 3.50	≥ 4.00	≥ 5.00	≥ 6.00
单件最小值 $C_{f\min}$	≥ 2.80	≥ 3.20	≥ 4.00	≥ 4.80

②曲线形建筑垃圾再生混凝土路缘石、直线形截面 L 状等建筑垃圾再生混凝土路缘石抗压强度。曲线形建筑垃圾再生混凝土路缘石、直线形截面 L 状建筑垃圾再生混凝土路缘石、截面⊥状建筑垃圾再生混凝土路缘石和非直线型建筑垃圾再生混凝土路缘石应进行抗压强度试验，并应符合表 4.24 的规定。

表 4.24　抗压强度

单位：MPa

强度等级	C_c 30	C_c 35	C_c 40	C_c 45
平均值 $\overline{C}_c$	≥ 30.0	≥ 35.0	≥ 40.0	≥ 45.0
单件最小值 C_{cmin}	≥ 24.0	≥ 28.0	≥ 32.0	≥ 36.0

（4）物理性能。

①吸水率。路缘石吸水率应不大于 6.0%。

②抗冻性及抗盐冻性。寒冷地区、严寒地区建筑垃圾再生混凝土路缘石应进行慢冻法抗冻性试验，建筑垃圾再生混凝土路缘石经 D50 次冻融试验的质量损失率应不大于 3.0%。寒冷地区、严寒地区冬季道路使用除冰盐除雪时及盐碱地区应进行抗盐冻性试验。建筑垃圾再生混凝土路缘石经 ND28 次抗盐冻性试验的平均质量损失应不大于 1.0 kg/m²；任意一试样质量损失应不大于 1.5 kg/m²。需做抗盐冻性试验时，可不做抗冻性试验。

4.5.3　配合比设计

本项目采用 4.5.1 所述原材料，以再生粗集料等比例替换天然粗集料（替换比例 30%）、再生细集料等比例替换天然细集料（替换比例 30%）为例，进行低塑性和流动性建筑垃圾再生混凝土路缘石的制备。

1. 低塑性混凝土（振动成型、静压成型）

通过前期初步配合比设计、基准配合比设计及设计配合比设计，采用表 4.25 所示的水泥混凝土配合比进行低塑性建筑垃圾再生混凝土的制备。

表 4.25　低塑性建筑垃圾再生混凝土配合比

强度等级	组分	振动成型	静压成型
强度等级 C_c35 $C_f4.0$	水泥 /（kg·m^{-3}）	329	331
	天然粗集料 /（kg·m^{-3}）	842	841
	天然细集料 /（kg·m^{-3}）	415	414
强度等级 C_c35 $C_f4.0$	再生粗集料 /（kg·m^{-3}）	361	360
	再生细集料 /（kg·m^{-3}）	178	178
	用水量 /（kg·m^{-3}）	144	145
	SP406/（kg·m^{-3}）	13.5	13.6
	粉煤灰 /（kg·m^{-3}）	112	112
	坍落度 /mm	60	65

其中 SP406 的减水率为 26%，粉煤灰超量取代系数为 1.4。

2. 流动性混凝土（浇筑成型）

通过前期初步配合比设计、基准配合比设计及设计配合比设计，采用表 4.26 所示的水泥混凝土配合比进行流动性建筑垃圾再生混凝土的制备。

表 4.26　流动性建筑垃圾再生混凝土配合比

强度等级	组分	浇筑成型
强度等级 C_c35 $C_f4.0$	水泥 /（kg·m^{-3}）	350
	天然粗集料 /（kg·m^{-3}）	824
	天然细集料 /（kg·m^{-3}）	406
	再生粗集料 /（kg·m^{-3}）	353
	再生细集料 /（kg·m^{-3}）	174
	用水量 /（kg·m^{-3}）	153.6

续　表

强度等级 C_c 35 C_f 4.0	SP406/（kg·m^{-3}）	14.4
	粉煤灰 /（kg·m^{-3}）	119
	坍落度 /mm	100

其中 SP406 的减水率为 26%，粉煤灰超量取代系数为 1.4。

4.5.4　性能检测

1. 低塑性混凝土（振动成型、静压成型）

本项目通过制备 500 mm × 300 mm × 120 mm 直线型建筑垃圾再生混凝土路缘石进行试验研究。

（1）抗折强度。将制备完毕的试件（不小于 3 个）按照如下步骤进行抗折试验。从水中取出试样，用拧干的湿毛巾擦去表面附着的水，正侧面朝上置于试验支座上，试样的长度方向与支杆垂直，使试样加载中心与试验机压头同心。将加载压块置于试样加载位置，并在其与试样之间垫上找平垫板，如图 4.21 所示。

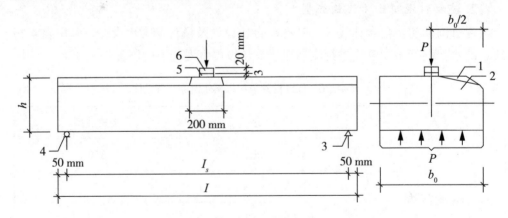

（1—找平层；2—试样；3—铰支座；4—滚动支座；5—找平垫板；6—加载压块）

图 4.21　抗折试验加载图

检查支距、加荷点无误后，启动试验机，调节加荷速度为 0.04 ~ 0.06 MPa/s 匀速连续地加载，直至试样断裂，记录最大荷载（$P_{\max}$）。

抗折强度按式（4.14）计算：

$$C_f = \frac{MB}{1\,000 \times W_{ft}}$$
$$MB = \frac{P_{max} \times l_s}{4}$$

（4.14）

式中　C_f——试样抗折强度（MPa）；

MB——弯矩（N·mm）；

W_{ft}——截面模量（cm³）；

P_{max}——试样破坏荷载（N）；

l_s——试样跨距（mm）。

试验结果以三个试样抗折强度的算术平均值和单件最小值表示，计算结果精确至 0.01 MPa。

按照上述方法分别对静压成型和振动成型的直线型建筑垃圾再生混凝土路缘石试件进行抗折强度试验，试验结果如表 4.27 和图 4.22 所示。

表 4.27　建筑垃圾再生混凝土路缘石抗折强度实测值

成型方式	28 d 抗折强度 /MPa
振动成型	4.7
静压成型	4.5

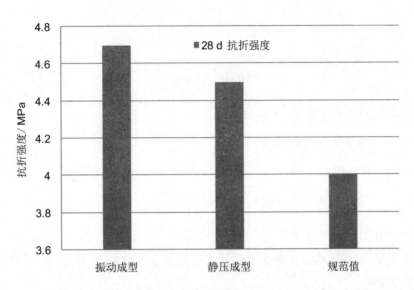

图 4.22　建筑垃圾再生混凝土路缘石抗折强度实测值对比

由表 4.25 和和图 4.22 可以看出，对于配比几乎一致的直线型建筑垃圾再生混凝土路缘石试件，振动成型试件的抗折强度略高于静压成型试件，且两种成型方式均满足要求。

（2）抗压强度。抗压强度试件的制备：从路缘石的正侧面距端面和顶面各 20 mm 以内的部位切割出 100 mm × 100 mm × 100 mm 的试样。以垂直于路缘石成型加料方向的面作为承压面。试样的两个承压面应平行、平整。否则应对承压面磨平或用水泥净浆或其他找平材料进行抹面找平处理，找平层厚度不大于 5 mm，养护 3 d。与承压面相邻的面应垂直于承压面。

将制备好的试样，用硬毛刷将试样表面及周边松动的渣粒清除干净，在温度为（20 ± 3）℃的水中浸泡（24 ± 0.5）h。

用卡尺或钢板尺测量承压面互相垂直的两个边长，分别取其平均值，精确至 1 mm，计算承压面积（A），精确至 1 mm^2。将试样从水中取出用拧干的湿毛巾擦去表面附着水，承压面应面向上、下压板，并置于试验机下压板的中心位置上。

启动试验机，加荷速度调整为 0.3 ～ 0.5 MPa/s，匀速连续地加荷，直至试样破坏，记录最大荷载（$P_{\max}$）。

试样抗压强度按公式（4.15）计算：

$$C_c = P / A \tag{4.15}$$

式中　C_c——试样抗压强度（MPa）；

　　　P——试样破坏荷载（N）；

　　　A——试样承压面积（mm²）。

试验结果以三个试样抗压强度的算术平均值和单件最小值表示，计算结果精确至 0.1 MPa。

按照上述方法分别对静压成型和振动成型的直线型建筑垃圾再生混凝土路缘石试件进行抗压强度试验，试验结果如表 4.28 和图 4.23 所示。

表 4.28　建筑垃圾再生混凝土路缘石抗压强度实测值

成型方式	不同龄期的抗压强度		
	3 d 抗压强度 /MPa	7 d 抗压强度 /MPa	28 d 抗压强度 /MPa
振动成型	16.7	28.2	38.5
静压成型	15.1	26.4	37.7

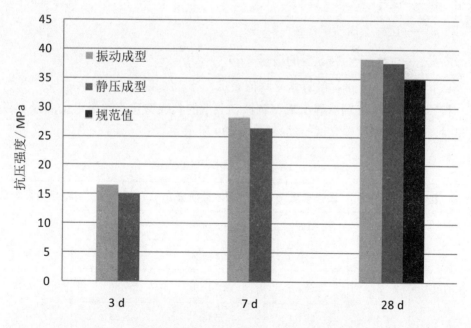

图 4.23　建筑垃圾再生混凝土路缘石抗压强度实测值对比

由表 4.31 和图 4.23 可以看出，对于配比几乎一致的直线型建筑垃圾再生混凝土路缘石试件，振动成型试件的抗压强度略高于静压成型试件，且两种成型方式的 28 d 抗压强度均满足要求。

（3）吸水率。从路缘石上截取约为 100 mm × 100 mm × 100 mm 带有可视面的立方体为试样，试样数量为 3 个。将制备好的试样，用硬毛刷将试样表面及周边松动的渣粒清除干净，放入温度为（105 ± 3）℃的干燥箱内烘干。试样之间、试样与干燥箱内壁之间距离不得小于 20 mm。每隔 4 h 将试样取出称量一次，直至两次称量差小于 0.1% 时，视为试样干燥质量 m_0，精确至 5 g。

烘干的试样，在温度为（20 ± 3）℃的水中浸泡（24 ± 0.5）h，水面应高出试样 20 ~ 30 mm。

取出试样，用拧干的湿毛巾擦去表面附着水，立即称量试样浸水后的质量 m_1，精确至 5 g。

吸水率按下式（4.16）计算。

$$W = \frac{m_1 - m_0}{m_0} \times 100\% \qquad (4.16)$$

式中　W——试样吸水率（%）；

　　　m_0——试样干燥质量（g）；

　　　m_1——试样吸水 24 h 后的质量（g）。

试验结果以三个试样的算术平均值表示，计算结果精确到 0.1%。

按照上述方法分别对静压成型和振动成型的直线型建筑垃圾再生混凝土路缘石试件进行吸水率试验，试验结果如表 4.29 所示。

表 4.29　吸水率试验结果

类　型	样品序号	试样干重 /g	试样吸水后质量 /g	吸水率	平均吸水率
振动成型	1	2 406.8	2 538.9	5.49%	5.65%
	2	2 419.5	2 549.9	5.39%	
	3	2 387.5	2 527.4	5.86%	
	4	2 401.1	2 536.3	5.63%	
	5	2 412.9	2 554.7	5.88%	

类　型	样品序号	试样干重 /g	试样吸水后质量 /g	吸水率	平均吸水率
振动成型	6	2 392.4	2 527.2	5.63%	5.65%
静压成型	1	2 412.5	2 548.5	5.64%	5.82%
	2	2 409.5	2 550.9	5.87%	
	3	2 401.7	2 544.8	5.96%	
	4	2 387.2	2 528.2	5.91%	
	5	2 390.7	2 527.7	5.73%	
	6	2 405.7	2 545.5	5.81%	

从表 4.29 中可以看出，建筑垃圾再生混凝土路缘石的吸水率满足不大于 6% 的要求，静压成型试件的吸水率大于振动成型试件的吸水率。

（4）抗冻性及抗盐冻性。

①抗冻性试验方法："慢冻法"是将按标准方法制作的试件经过规定时间的标准养护后进行冻融试验，当达到最大循环次数时，试件抗压强度损失率不能超过 25%，质量损失率不超过 5%（与未经冻融试验的相应检查试件相比）。经浸水饱和的试件，在 –20 ～ –10 ℃环境下冻 4 h，然后在 15 ～ 20 ℃的温水中融 4 h，此为一个循环。如最大冻融循环次数为 100，其抗冻标号为 F100。标准的抗冻标号是采用 28 d 龄期的试件进行试验，经试验论证后，也可采用 60 d 或 90 d 龄期的试件进行试验。

②抗盐冻性试验方法：从 20 d 以上龄期的路缘石中切取试验面积 7 500 mm^2 至 25 000 mm^2 之间的试块，且测试面最大厚度为 103 mm，每个试样的受试面为路缘石的可视面（顶面或使用时裸露在外的正侧面），试样数量为 3 个。

将用蒸馏水配制的 3% 浓度的 NaCl 溶液作为冻融介质。采用硅胶类等密封材料密封试样与橡胶片，以及填充试样周围的沟槽。密封材料厚度为（3.0 ± 0.5）mm，应不受所使用盐溶液腐蚀，且在 –20 ℃的温度下，仍有足够弹性。覆盖材料是厚度为 0.1 mm 至 0.2 mm 的聚乙烯板。

粘结剂应具备防水、防冻的功能，能将橡胶片（或聚乙烯薄片等）和混凝土表面粘结牢固。绝热材料厚度为（20±1）mm，导热系数在 0.035～0.040 W/（m·K）之间的聚苯乙烯或等效绝热材料。

当试样达到 28 d 龄期或以上时，清除其上飞边及松散颗粒，然后放入气候箱中养护（168±5）h，气候箱中温度为（20±2）℃，相对湿度为（65±10）%，且在最初的（240±5）min 内，测定的蒸发率为（200±100）g/m²。试样间应至少相距 50 mm。在这一步骤中，除试验面以外，将试样的其余表面均粘贴上橡胶片，并保持至试验结束。使用硅胶类或其他密封材料填充试样周围的所有沟槽，并在混凝土与橡胶片相接处密封试验面四周，以防止水渗入试样与橡胶片相接缝隙中。橡胶片的边缘应高于试验面（20±2）mm。如图 4.24 所示为抗盐冻实验装置的平剖面和立剖面。

试验面积 A_{ND} 应由其长度及宽度的三次测量平均值（精确到 1 mm）计算得到。当试样在气候箱中养护完毕后，对其试验面上注入温度（20±2）℃的饮用水，水高（5±2）mm。在（20±2）℃的温度下保持该水高（72±2）h，以用来检验试样与橡胶片间的密封是否有效。在进行冻融循环前，试样除试验面以外的其余表面均应用绝热材料进行绝热处理，该处理可以在养护阶段进行。

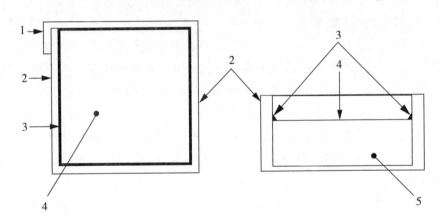

1—重叠部分；2—橡胶片；3—密封胶条；4—试验面；5—试样。

图 4.24　抗盐冻试验装置剖面示意图

在将试样放入冷冻箱前 15～30 min，应先将检测密封效果的水换成冻融介质，溶液高度应高出试样顶面（5±2）mm。在其上水平覆盖如图 4.25 所示的聚乙烯板，以避免溶液蒸发，聚乙烯板在整个试验过程中应保持平整，且不得与冻融介质接触。

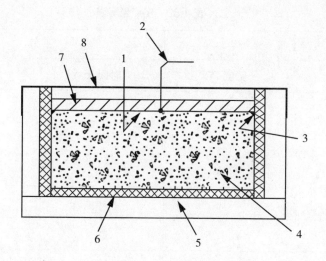

1—试验面；2—温度测量装置；3—密封胶条；4—试样；5—绝热材料；6—橡胶片；7—冻融介质；
8—聚乙烯板。

图 4.25　冻融循环试验结果示意图

将试样置于冷冻室中，试验面在任何方向偏离水平面不超过 3 mm/m，同时试验面要经过反复冻融。在试验过程中，冻融介质中的所有试样表面中心的时间—温度循环曲线都应落入如图 4.26 所示的阴影区域内。在每次循环中试验温度超过 0 ℃的时间至少 7 h，但不能多于 9 h。

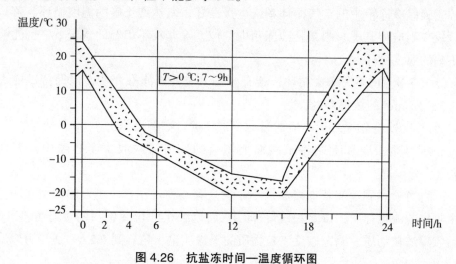

图 4.26　抗盐冻时间—温度循环图

图 4.26 中阴影区域拐点坐标如表 4.30 所示。

表 4.30　拐点坐标表

上限		下限	
时间 /h	温度 /℃	时间 /h	温度 /℃
0	24	0	16
5	−2	3	−4
12	−14	12	−20
16	−16	16	−20
18	0	20	0
22	24	24	16

将至少一个试样固定在冷冻室中具有代表性的位置上，持续记录冻融介质中的试验面中心处温度。在试验过程中始终记录冷冻室的环境温度，试验时间从放入冷冻室后第一次循环的（0±30）min 内开始计时。如果试验过程中循环被迫终止，则将试样在 −16 ～ −20 ℃的条件下保持冷冻状态，如果循环终止超过 3 d 时间，则此次试验应放弃。

应确保冷冻箱中的空气循环系统运行良好，以达到正确的温度循环。若试样数量较少则应用其他材料填补冷冻箱中空位，除非在不填补的情况下，也能够得到正确的温度循环。

经过 7 次和 14 次冻融循环，若有必要，应补充冻融介质，以保持试样表面上（5±2）mm 的溶液高度。

经过 28 次冻融循环后，应对每一个试样进行如下操作：

a. 使用喷水瓶和毛刷将试验面上剥落的残留渣粒收集至容器中，直到无残余；

b. 将溶液和剥落渣粒通过滤纸小心倒入容器中。用至少 1 L 的饮用水冲洗滤纸中收集的渣粒物质，以除去残留 NaCl。将滤纸在（105±5）℃下烘干至少 24 h，然后收集渣粒物质。测定剥落渣粒物质的干燥质量，精确到 0.2 g，适当考虑滤纸质量。

抗盐冻性按公式（4.17）计算：

$$\Delta W_n = \frac{m_{ND}}{A_{ND}} \tag{4.17}$$

式中　ΔW_n——抗盐冻性质量损失（kg/m²）；

　　　m_{ND}——抗盐冻性试验质量损失（mg）；

　　　A_{ND}——抗盐冻性试样受试面积（mm²）。

试验结果以三个试样的算术平均值和单个试样最大值表示，计算结果精确至 0.1 kg/m²。

按照上述试验方法进行抗冻性及抗盐冻性试验，试验结果如表 4.31 所示。

表 4.31　抗冻性及抗盐冻性试验结果

成型方式	抗冻性			抗盐冻性		
	样品序号	D50 次质量损失率	平均质量损失率	样品序号	ND28 次质量损失 /（kg·m⁻²）	平均质量损失 /（kg·m⁻²）
振动成型	1	2.8%	2.6%	7	0.9	0.7
振动成型	2	2.4%	2.6%	8	0.7	0.7
	3	2.9%		9	0.6	
	4	2.6%		10	0.7	
	5	2.4%		11	0.7	
	6	2.7%		12	0.8	
静压成型	13	2.9%	2.8%	19	1.2	0.9
	14	2.7%		20	0.8	
	15	2.6%		21	0.7	
	16	2.9%		22	0.7	
	17	2.8%		23	0.9	
	18	2.7%		24	0.8	

从表 4.31 中可以看出，建筑垃圾再生混凝土路缘石 D50 次冻融试验的质量损失率振动成型为 2.6%，静压成型为 2.8%，均不大于规范规定的上限 3%。同时在抗盐冻性试验中，ND28 次振动成型试件的平均质量损失为 0.7 kg/m²，静压成型试件的平均质量损失为 0.9 kg/m²，均小于规范规定的上限 1.0 kg/m²，且最大单一试样质量损失静压试件 19 损失量为 1.2 kg/m²，小于规范规定的上限 1.5 kg/m²。所以，该建筑垃圾再生混凝土路缘石的抗冻性及抗盐冻性能满足规范要求。不过值得注意的是，采用振动成型方式制备的建筑垃圾再生混凝土路缘石，其抗冻性及抗盐冻性均高于采用静压成型方式制备的建筑垃圾再生混凝土路缘石。

2. 流动性混凝土（浇筑成型）

采用浇筑成型方式，按照表 4.29 的配合比制备流动性较大的 500 mm × 300 mm × 120 mm 直线型建筑垃圾再生混凝土路缘石进行试验研究。

（1）抗折强度。按照上文所示的抗折强度试验方法，对浇筑成型的直线型建筑垃圾再生混凝土路缘石试件进行抗折强度试验，试验结果如表 4.32 和图 4.27 所示。

表 4.32　建筑垃圾再生混凝土路缘石试件（浇筑成型）抗折强度实测值

成型方式	28 d 抗折强度 /MPa
浇筑成型	4.9

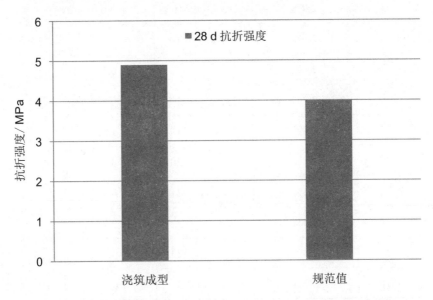

图 4.27　建筑垃圾再生混凝土路缘石试件（浇筑成型）抗折强度实测值对比

由表 4.32 和和图 4.27 可以看出，浇筑成型的建筑垃圾再生混凝土路缘石试件的抗折强度满足设计目标 4.0 MPa 的最低要求。

（2）抗压强度。按照上文所示方法制备直线型建筑垃圾再生混凝土路缘石试件（浇筑成型）进行抗压强度试验，试验结果如表 4.33 和图 4.28 所示。

表 4.33　建筑垃圾再生混凝土路缘石试件（浇筑成型）抗压强度实测值

成型方式	不同龄期的抗压强度 /MPa		
	3 d 抗压强度	7 d 抗压强度	28 d 抗压强度
浇筑成型	18.9	29.5	39.7

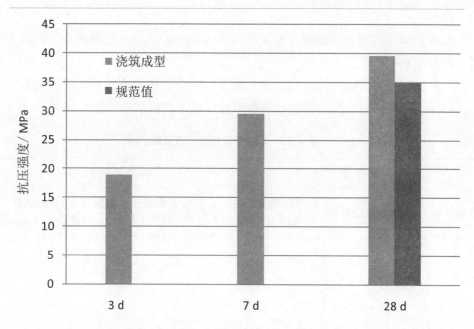

图 4.28　建筑垃圾再生混凝土路缘石试件（浇筑成型）抗压强度实测值对比

由表 4.33 和图 4.28 可以看出，建筑垃圾再生混凝土路缘石试件（浇筑成型）的抗压强度满足设计目标 35.0 MPa 的最低要求。

（3）吸水率。按照上文所示试验方法制备建筑垃圾再生混凝土路缘石试件（浇筑成型），并进行吸水率试验，试验结果如表 4.34 所示。

表 4.34　建筑垃圾再生混凝土路缘石试件（浇筑成型）吸水率试验结果

样品序号	试样干重 /g	试样吸水后质量 /g	吸水率 /%	平均吸水率 /%
1	2 417.5	2 538.9	5.02	
2	2 422.3	2 549.9	5.27	
3	2 401.4	2 527.4	5.25	5.34%
4	2 427.8	2 566.3	5.70	
5	2 399.7	2 541.7	5.92	
6	2 408.9	2 527.2	4.91	

由表 4.34 可以看出，建筑垃圾再生混凝土路缘石试件（浇筑成型）的吸水率满足不大于 6% 的要求。

（4）抗冻性及抗盐冻性。按照上文所示试验方法进行建筑垃圾再生混凝土路缘石试件（浇筑成型）的抗冻性及抗盐冻性试验，试验结果如表 4.35 所示。

表 4.35　抗冻性及抗盐冻性试验结果

抗冻性			抗盐冻性		
样品序号	D50 次质量损失率	平均质量损失率	样品序号	ND28 次质量损失 /（kg/m^2）	平均质量损失 /（kg/m^2）
1	2.2%		7	0.5	
2	2.6%		8	0.6	
3	2.5%	2.5%	9	0.6	0.6
4	2.5%		10	0.8	
5	2.7%		11	0.5	
6	2.3%		12	0.7	

由表 4.35 可以看出，建筑垃圾再生混凝土路缘石试件（浇筑成型）D50 次冻融试验的质量损失率为 2.5%，小于规范规定的上限 3%。同时在抗盐冻性试验中，

ND28 次平均质量损失为 0.6 kg/m²，小于规范规定的上限 1.0 kg/m²，且最大单一试样质量损失为 0.8 kg/m²，小于规范规定的上限 1.5 kg/m²。所以，该建筑垃圾再生混凝土路缘石试件（浇筑成型）的抗冻性及抗盐冻性满足规范要求。

4.5.5　外观工艺

1. 低塑性混凝土（振动成型、静压成型）

本项目对低塑性混凝土（坍落度不大于 70 mm）采用振动成型和静压成型的方式进行制备，取样量应为试验计算量的 1.5 倍，将称量好的天然集料和再生集料放入搅拌机中进行搅拌，加入水泥和水，拌和温度应为（20±5）℃，搅拌 3～5 min 后测其坍落度，测试完毕后按如下方法进行制备：

（1）振动成型法。将拌合物放入 500 mm×300 mm×120 mm 的试模中，一次将拌合物装满试模，并且开始振动，振动过程中若混凝土低于试模，随时添加混凝土振动，直至拌合物出现水泥浆为止，最后用抹刀将成型面抹平。

（2）静压成型法。将混凝土拌合物装入专用静压模具中，然后将模具放在压力机下施加压力，持续 5 s 后卸荷，最后用直径 40 mm 的捣棒"滚压"成型面直至平整，并用抹刀将成型面抹平。

2. 流动性混凝土（浇筑成型）

坍落度在 100～150 mm 之间的混凝土称为流动性混凝土，坍落度在 160 mm 以上的称为大流动性混凝土。在路桥工程中，流动性混凝土主要包括泵送混凝土、喷射混凝土和水下混凝土。其一般具有流动性大、自密实性好的特点。本项目采用浇筑成型的方式对流动性混凝土进行制备。

将称取好的集料进行搅拌，搅拌完毕后，将拌合物分三层装入试模之中，每层装料厚度大致相等，并且用平刮刀进行抹平，装料完成后用橡皮锤轻轻敲击试模的四周，直至密实成型。

将采用振动成型、静压成型、浇筑成型方法制成的试件采用标准养护的方法进行养护，并且覆盖试件表面，防止水分蒸发，在温度为（20±5）℃的环境中静置一昼夜至两昼夜，然后编号拆模。拆模后的试件放在温度为（20±2）℃、湿度为 95% 以上的标准养护室中进行养护，并将试件放在养护室的架子上，彼此间隔 10～20 mm，避免用水直接淋冲试件。

3. 外观工艺评价

影响路缘石的综合性能和外观形态的因素是十分复杂的，诸如原材料的几何构型、骨料的分布状况等，其在一定范围内存在随机性和相似性。分形理论，恰恰是对世间万物的不规则存在进行一个定量的描述。近年来，分形维数被引入来量化各粒子系统的几何特征，并且在土壤学、沥青混合料等领域有着广泛应用。本项目利用 Canon XC10 相机对用不同成型方式制备的路缘石进行信息获取，为了保证相机成像效果相同，在同一高度、同一地点下进行取样，并在 MATLAB 软件中对获取的照片进行处理。将 RGB 图像处理成灰度图和二值图，并且将二值型数据转换成逻辑型数据，之后采用 Fraclab 软件进行分形维数的计算。

本项目在 MATLAB R2018a 中将拍摄的再生混凝土路缘石表面照片进行数据处理，并且对处理后的图片进行筛选。不同成型方式处理的灰度图和二值图如图 4.29 至图 4.34 所示。图像二值化后，进行分形维数的计算，计算结果如图 4.35 所示。

图 4.29　静压成型灰度图　　图 4.30　静压成型二值图

图 4.31　振动成型灰度图　　图 4.32　振动成型二值图

图 4.33　浇筑成型灰度图

图 4.34　浇筑成型二值图

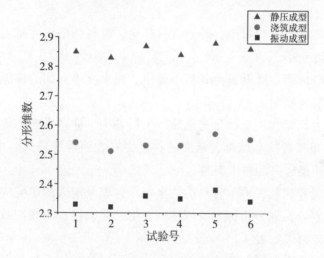

图 4.35　分形维数与成型方式之间的关系

本项目采用不同成型方式分别制备了 6 个试件，并对其表面进行分形维数的计算，由图 4.35 可以看出，分形维数数值上：静压成型＞浇筑成型＞振动成型。通过试验发现，在不同的成型方式下，路缘石的表面存在着诸多差异，采用静压成型方式制成的试件表面存在很多明显的孔隙，其分形维数数值也最大，这是因为孔隙率越大，孔隙空间越大，试件表面分形维数越大。同时，微小孔隙越多，孔隙空间的粗糙程度也会随之增大，表面结构复杂性增加。而采用振动成型和浇筑成型制成的试件表面较为平整，这也与分形维数计算结果相对应。在实际应用过程中，应该采用浇筑成型和振动成型的方式制备再生混凝土路缘石。

4.6 本章小结

通过研究主要得出以下结论：

（1）水泥混凝土再生骨料存在大量的孔隙与微裂缝。由于废弃混凝土表面含有硬化的水泥砂浆，其强度远低于天然碎石，再加上水泥砂浆与碎石的弱结合，以及捣实不致密，使得废弃混凝土在破碎过程中因损伤累积在内部造成大量微裂纹，导致再生骨料的空隙率大、吸水率大、压碎值偏高。

（2）当采用相同的生产设备与破碎工艺时，废弃混凝土破碎产生的石屑远多于天然岩石。

（3）建筑垃圾再生骨料中，砖的含量越高，骨料的坚固性越差，压碎值和吸水率越大，密度变小。

（4）有机硅树脂在降低再生骨料压碎值、吸水率等方面的性能远远优于钛酸酯偶联剂及硅烷偶联剂。

（5）将再生集料和一定数量的钢球放入设备中，通过设备的旋转，再生集料和钢球之间会相互碰撞和摩擦，从而使再生集料表面强度较低的水泥砂浆脱落，经过筛分得到质量较高的再生集料。

（6）结合现有规范、再生骨料的技术特点，以及前人的研究成果，可对再生骨料进行等级划分，划分指标主要依据压碎值、坚固性、表观相对密度以及吸水率等，具体划分结果如表 4.13 和表 4.14 所示。

（7）再生细骨料对混凝土的抗折强度、抗压强度和抗冻性具有一定的损害作用，且随着掺量的逐渐增大，损害作用逐渐增大；此外，在相同替换比例下，等级越低的再生细骨料对混凝土强度造成的损害就越大。

（8）SP406 早强抗冻剂对 C30 建筑垃圾再生骨料路缘石用混凝土的抗冻性具有明显的提升作用，在较小的掺量下即可达到较大的抗冻性能的提升。当 SP406 掺量在 0.3% 左右时，C30 建筑垃圾再生骨料路缘石用混凝土拥有相对最小的冻融循环质量损失率。

（9）振动成型和浇筑成型试件密实度高，孔隙率较低，静压成型试件密实度差，孔隙率较高，静压成型试件吸水率高于振动成型试件和浇筑成型试件；浇筑成型方法制成的再生混凝土路缘石试件的强度最高，振动成型试件次之，静压成型试件最低；静压成型试件孔隙率最高，质量损失率最大，浇筑成型试件质量损失率最小。

本研究主要针对室内试验部分进行论述，产品的中试与生产工作受设备改造影响，尚未开展实质性的工作，所以有以下展望：①可以通过建筑垃圾再生骨料路缘石的中试继续调试与优化生产工艺；②规模化生产，建立建筑垃圾再生骨料的生产线。

第5章 水泥稳定建筑垃圾再生骨料

本章对不同掺量的水稳再生骨料进行了相关的性能研究。

5.1 试验材料及方法

5.1.1 试验原材料

本试验采用的水泥为普通硅酸盐水泥（32.5 MPa），其技术指标如表 5.1 所示。再生粗骨料及再生细骨料技术指标如表 5.2 和表 5.3 所示。天然集料为花岗岩，技术指标如表 5.4 和表 5.5 所示。

表 5.1　水泥技术指标

细　度 /%	安定性 /%	凝结时间 /min		抗折强度 /MPa		抗压强度 /MPa	
		初凝	终凝	3 d	28 d	3 d	28 d
3.3	1.0	250	340	3.7	7.1	19	38.1

表 5.2　再生粗骨料

压碎值	表观相对密度			集料吸水率 /%		
	5～15 mm	15～20 mm	20～30 mm	5～15 mm	15～20 mm	20～30 mm
27.5%	2.661	2.656	2.649	5.8	5.2	4.2

表 5.3　再生细骨料

表观相对密度	砂当量	坚固性	棱角性
2.483	90.5%	6.4%	45 s

表 5.4　天然粗集料技术指标

压碎值	表观相对密度			集料吸水率 /%			针片状含量 /%		
	5 ～ 10 mm	10 ～ 20 mm	20 ～ 30 mm	5 ～ 10 mm	10 ～ 20 mm	20 ～ 30 mm	5 ～ 10 mm	10 ～ 20 mm	20 ～ 30 mm
18.2%	2.627	2.691	2.655	1.263	1.104	1.024	4.1	7.2	5.9

表 5.5　天然细集料技术指标

表观相对密度	坚固性	砂当量	棱角性
2.598	7.1%	68.9%	41 s

5.1.2　水泥稳定再生骨料

再生骨料以 0%、30%、60% 和 100% 的比例替换天然集料，再生粗骨料替换天然粗集料，再生细骨料替换天然细集料。所采用的合成级配如图 5.1 所示。

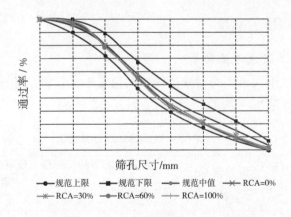

图 5.1　合成级配曲线

5.2 水泥稳定再生骨料的力学特性

本研究从击实特性出发，对水泥稳定再生骨料的无侧限抗压强度、抗压回弹模量、劈裂强度、弯拉强度进行了测试。

5.2.1 击实特性

研究测试了不同水泥稳定再生骨料的最佳含水量和最大干密度。结果显示：水泥稳定再生骨料的最大干密度随着再生骨料掺量的变大而减小，其原因是再生骨料的密度比天然集料低。水泥稳定再生骨料的最佳含水率随着再生骨料掺量的增大而增大，其原因在于再生集料比天然集料拥有更多的表面孔隙及细小裂缝，吸水率大，再生集料的掺量越大，达到最大密实度所需的用水量也就越大。再生集料含量相同时，最佳含水率和最大干密度随着水泥剂量的增加而增大，其原因在于水泥颗粒较细，其密度相对于集料来说较大，这不仅仅提高了骨料之间的润滑性、增加了混合料的可压实性，同时混合料的密度也因水泥浆的填充而得到了提高。

在充分掌握水泥稳定再生骨料击实特性的前提下，选择在最佳含水量下进行试件成型，保障水泥稳定再生骨料试件在无侧限抗压强度、抗压回弹模量、劈裂强度、弯拉强度等测试时，试件处于最大干密度状态。

5.2.2 无侧限抗压强度

1.无侧限抗压强度试验结果

本试验制备了不同再生骨料掺量的水泥稳定再生骨料，并分别测试了它们在不同龄期下的无侧限抗压强度。试验结果如表 5.6 所示。

表 5.6　无侧限抗压强度结果

RCA 掺量	水泥剂量 Pc	不同龄期下的无侧限抗压强度代表值 /MPa			
		7 d	28 d	60 d	90 d
0	4.0%	3.39	4.60	4.91	5.07
	5.0%	4.61	5.67	6.16	6.47
30%	4.0%	3.13	4.41	4.80	5.22

续　表

RCA 掺量	水泥剂量 Pc	不同龄期下的无侧限抗压强度代表值 /MPa			
		7 d	28 d	60 d	90 d
30%	5.0%	4.35	5.49	5.69	5.98
60%	4.0%	3.54	4.17	4.53	4.84
	5.0%	4.12	5.35	5.94	6.26
100%	4.0%	3.75	4.24	4.58	4.93
	5.0%	4.39	5.62	6.11	5.78

2. 无侧限抗压强度增长模型

无侧限抗压强度曲线如图 5.2 所示。

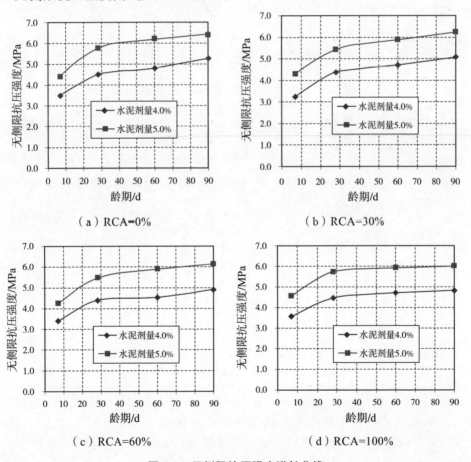

（a）RCA=0%　　　　　　　　（b）RCA=30%

（c）RCA=60%　　　　　　　　（d）RCA=100%

图 5.2　无侧限抗压强度增长曲线

图 5.2 显示，水泥稳定再生骨料的无侧限抗压强度早期强度增长较快，28 d 以后则逐渐趋于平缓。横向对比不同掺量的再生骨料不难发现，再生骨料的掺量对无侧限抗压强度的影响程度有限。

根据前人研究成果，本试验建立的水泥稳定再生骨料的无侧限抗压强度方程如式（5.1）所示：

$$\frac{R_{c,t}}{R_{c,\infty}} = a_c (\ln t)^{b_c} \tag{5.1}$$

式中　t ——龄期（d），一般 $t \geqslant 7$ d。

$R_{c,t}$ —— t 龄期的无侧限抗压强度（MPa）；

$R_{c,\infty}$ —— ∞ 龄期的无侧限抗压强度（MPa）；

a_c，b_c ——系数。

根据式（5.1），本研究的计算结果汇总于表 5.7 所示。

表 5.7　水泥稳定再生骨料无侧限抗压强度计算结果

RCA 掺量	水泥剂量 Pc	a_c	b_c	相关系数
0	4.0%	0.468	0.479	1.006
	5.0%	0.537	0.438	0.982
30%	4.0%	0.430	0.552	1.018
	5.0%	0.524	0.434	0.967
60%	4.0%	0.551	0.394	0.978
	5.0%	0.502	0.429	1.007
100%	4.0%	0.611	0.348	0.960
	5.0%	0.588	0.330	0.999

3. 水泥稳定再生骨料无侧限抗压强度影响因素

再生骨料掺量、水泥用量以及龄期均为影响因素。本试验水泥稳定再生骨料无侧限抗压强度与再生骨料掺量的关系如图 5.3 所示。

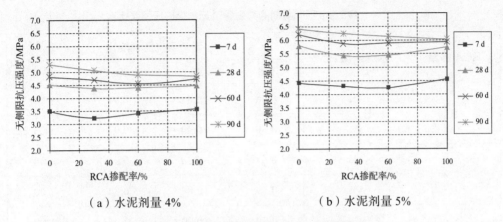

（a）水泥剂量 4%　　　　　　　　（b）水泥剂量 5%

图 5.3　无侧限抗压强度与 RCA 掺量关系

图 5.3 显示，当水泥稳定再生骨料龄期小于 60 d 时，随着再生骨料掺量的增大，水泥稳定再生骨料的无侧限抗压强度先减小后增大，增量相对不大。但当龄期超过 60 d，特别是达到 90 d 时，再生骨料的掺量与水泥稳定再生骨料的无侧限抗压强度反而成反比。出现上述现象的原因，一方面是再生骨料中含有一定量的活性物质，可以与水泥水化产物中的氢氧化钙反应生成具有一定胶凝强度的产物（火山灰反应），这在一定程度上提高了水泥稳定再生骨料的早期强度。但是相较于产物的强度数值较低，对于后期混合料强度的增长贡献几乎可以忽略不计，故出现了图 5.3 所示的现象。另一方面，水泥剂量和龄期对于水泥稳定再生骨料的强度也有一定的影响，本试验对不同水泥剂量（5% 及 4%）的再生骨料进行了测试，其强度比值汇总于表 5.8 中，对不同龄期的强度实测值汇总于表 5.9 中。

表 5.8　不同水泥掺量再生骨料的无侧限抗压强度比（水泥剂量 5% 和水泥剂量 4%）

RCA 掺量	无侧限抗压强度比			
	7 d	28 d	60 d	90 d
0	1.27	1.28	1.29	1.21
30%	1.33	1.24	1.25	1.23
60%	1.25	1.24	1.30	1.26
100%	1.28	1.28	1.26	1.25

表 5.9　不同龄期的再生骨料无侧限抗压强度比

RCA 掺量	水泥剂量 Pc	无侧限抗压强度比			
		7 d	28 d	60 d	90 d
0	4%	0.66	0.85	0.91	1.00
	5%	0.69	0.90	0.97	1.00
30%	4%	0.64	0.86	0.93	1.00
	5%	0.69	0.87	0.94	1.00
60%	4%	0.70	0.90	0.93	1.00
	5%	0.69	0.89	0.96	1.00
100%	4%	0.74	0.92	0.98	1.00
	5%	0.76	0.95	0.99	1.00

表 5.8 和表 5.9 表明，水泥剂量越大、龄期越长，水泥稳定再生骨料的强度就越高。

5.2.3　抗压回弹模量

1. 抗压回弹模量试验结果

对不同再生骨料掺量的水泥稳定再生骨料进行了各个龄期下的抗压回弹模量测试，实测结果汇总于表 5.10 中。

表 5.10　抗压回弹模量结果

RCA 掺量	水泥剂量 Pc	不同龄期（d）下的抗压回弹模量代表值 /MPa			
		7 d	28 d	60 d	90 d
0	4%	807	1 126	1 224	1 233
	5%	1 118	1 395	1 529	1 569
30%	4%	767	1 076	1 235	1 290
	5%	1 043	1 343	1 454	1 468

续　表

RCA 掺量	水泥剂量 Pc	不同龄期（d）下的抗压回弹模量代表值 /MPa			
		7 d	28 d	60 d	90 d
60%	4%	879	1 018	1 198	1 236
	5%	1 009	1 310	1 471	1 547
100%	4%	920	1 047	1 136	1 266
	5%	1 154	1 373	1 521	1 452

2. 抗压回弹模量规律性探究

水泥稳定再生骨料抗压回弹模量增长规律如图 5.4 所示。

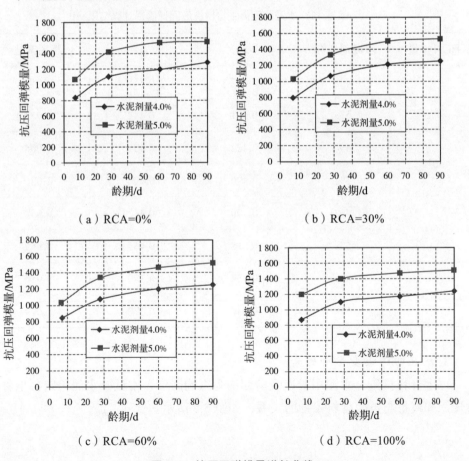

（a）RCA=0%　　　　（b）RCA=30%

（c）RCA=60%　　　　（d）RCA=100%

图 5.4　抗压回弹模量增长曲线

图 5.4 表明，水泥稳定再生骨料的抗压回弹模量在早期增长非常快，后期则逐渐变慢，整体呈现出非线性增长的规律。

本试验采用式（5.2）来计算水泥稳定再生骨料的抗压回弹模量：

$$\frac{E_{c,t}}{E_{c,\infty}} = a_e (\ln t)^{b_e} \quad\quad (5.2)$$

式中　t ——龄期（d），一般 $t \geq 7$d；

　　　$E_{c,t}$ —— t 龄期的抗压回弹模量（MPa）；

　　　$E_{c,\infty}$ —— ∞ 龄期的抗压回弹模量（MPa）。

根据上文数据，本研究的计算结果汇总于表 5.11。

表 5.11　水泥稳定再生骨料抗压回弹模量计算结果

RCA 掺量	水泥剂量 Pc	a_e	b_e	相关系数
0	4%	0.467	0.518	1.017
	5%	0.521	0.442	0.973
30%	4%	0.422	0.551	1.008
	5%	0.490	0.490	1.026
60%	4%	0.500	0.452	0.958
	5%	0.518	0.465	0.959
100%	4%	0.524	0.389	0.985
	5%	0.636	0.270	1.029

3. 抗压回弹模量影响因素

再生骨料掺量、水泥用量以及龄期均为影响因素。本试验水泥稳定再生骨料抗压回弹模量与再生骨料掺量的关系，如图 5.5 所示。

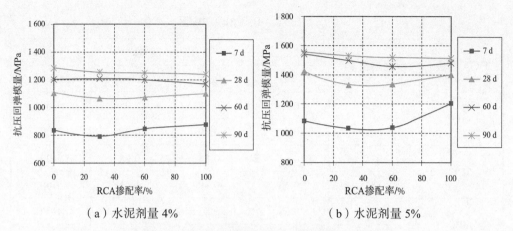

（a）水泥剂量 4%　　　　　　　　（b）水泥剂量 5%

图 5.5　抗压回弹模量与 RCA 掺配率的关系

图 5.5 显示，当水泥稳定再生骨料龄期小于 60 d 时，随着再生骨料掺量的增大，水泥稳定再生骨料的抗压回弹模量先减小后增大，变化量相对不大。但当龄期超过 60 d，特别是达到 90 d 时，再生骨料的掺量与水泥稳定再生骨料的抗压回弹模量反而成反比。出现上述现象的原因一方面是再生骨料中含有一定量的活性物质，可以与水泥水化产物中的氢氧化钙反应生成具有一定胶凝强度的产物（火山灰反应），这在一定程度上提高了水泥稳定再生骨料的早期强度。但是相较于产物的强度数值较低，对于后期混合料强度的增长贡献几乎可以忽略不计，故出现了如图 5.5 所示的现象。另一方面，水泥剂量和龄期对于水泥稳定再生骨料的抗压回弹模量也有一定的影响，本试验对不同水泥剂量（5% 及 4%）的再生骨料进行了测试，其抗压回弹模量比值汇总于表 5.12 中，不同龄期的再生骨料抗压回弹模量的实测值汇总于表 5.13 中。

表 5.12　不同水泥剂量下的模量比

RCA 掺量	抗压回弹模量比			
	7 d	28 d	60 d	90 d
0	1.30	1.32	1.31	1.16
30%	1.32	1.21	1.23	1.23
60%	1.19	1.24	1.23	1.26
100%	1.37	1.30	1.30	1.17

表5.13 不同龄期的模量比

RCA 掺量	水泥剂量 Pc	抗压回弹模量比			
		7 d	28 d	60 d	90 d
0	4%	0.66	0.88	0.95	1.00
	5%	0.70	0.89	0.98	1.00
30%	4%	0.61	0.84	0.98	1.00
	5%	0.68	0.89	1.01	1.00
60%	4%	0.69	0.83	0.92	1.00
	5%	0.70	0.91	0.92	1.00
100%	4%	0.69	0.85	0.93	1.00
	5%	0.76	0.91	1.01	1.00

5.2.4 劈裂强度

1. 劈裂强度测试

对不同再生骨料掺量的水泥稳定再生骨料进行了各个龄期下的劈裂强度测试，实测结果汇总于表 5.14 中。

表5.14 劈裂强度测试结果

RCA 掺量	水泥剂量 Pc	不同龄期下的劈裂强度代表值 /MPa			
		7 d	28 d	60 d	90 d
0	4%	0.34	0.47	0.50	0.52
	5%	0.41	0.55	0.58	0.61
30%	4%	0.36	0.49	0.53	0.54
	5%	0.44	0.56	0.63	0.65
60%	4%	0.37	0.50	0.53	0.55
	5%	0.44	0.58	0.64	0.68
100%	4%	0.40	0.53	0.57	0.58
	5%	0.47	0.60	0.69	0.71

2. 劈裂强度增长模型

水泥稳定再生骨料劈裂强度增长规律如图5.6所示。

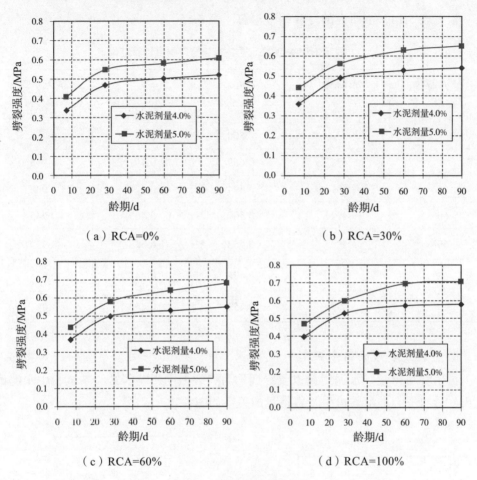

（a）RCA=0%　　　　　　　　　　（b）RCA=30%

（c）RCA=60%　　　　　　　　　　（d）RCA=100%

图5.6　劈裂强度增长曲线

图5.6表明，水泥稳定再生骨料的劈裂强度在早期增长非常快，后期则逐渐变慢，整体呈现出非线性增长的规律。

本试验采用式（5.3）来表征水泥稳定再生骨料的劈裂强度：

$$\frac{R_{s,t}}{R_{s,\infty}} = a_s (\ln t)^{b_s} \qquad (5.3)$$

式中　t——龄期（d），一般 $t \geqslant 7\,\mathrm{d}$。

　　　$R_{s,t}$——t龄期的劈裂强度（MPa）；

$R_{s,\infty}$ —— ∞ 龄期的劈裂强度（MPa），本课题取 $R_{s,\infty}$ 为 $R_{s,90}$；

a_s，b_s—系数，其物理意义同式（5.1）。

根据表 5.14，本研究的计算结果汇总于表 5.15。

表 5.15　水泥稳定再生骨料劈裂强度计算结果

RCA 掺量	水泥剂量 Pc	a_s	b_s	相关系数
0	4%	0.474	0.526	1.005
	5%	0.500	0.457	0.976
30%	4%	0.469	0.491	0.995
	5%	0.494	0.478	1.028
60%	4%	0.500	0.463	0.945
60%	5%	0.468	0.528	0.959
100%	4%	0.498	0.441	0.975
	5%	0.452	0.493	1.021

3. 劈裂强度影响因素探究

再生骨料掺量、水泥用量以及龄期均为劈裂强度影响因素。本试验中水泥稳定再生骨料劈裂强度与再生骨料掺量的关系如图 5.7 所示。

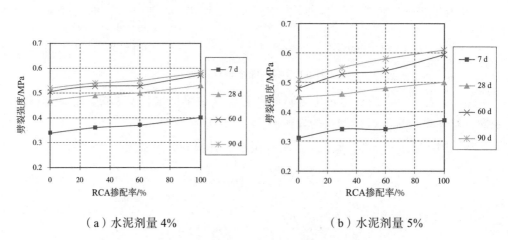

（a）水泥剂量 4%　　　　　　　（b）水泥剂量 5%

图 5.7　劈裂强度与 RCA 掺配率的关系

图 5.7 显示，随着再生骨料掺量的增大，水泥稳定再生骨料的劈裂强度先减小后增大，变化量相对不大。出现上述现象的原因一方面是，再生骨料中含有一定量的活性物质，可以与水泥水化产物中的氢氧化钙反应生成具有一定胶凝强度的产物（火山灰反应），这在一定程度上提高了水泥稳定再生骨料的早期强度。但是相较于产物的强度数值较低，对于后期混合料强度的增长贡献几乎可以忽略不计，故出现了如图 5.7 所示的现象。

另一方面，水泥剂量和龄期对于水泥稳定再生骨料的劈裂强度也有一定的影响，本试验对不同水泥剂量（5% 及 4%）下的再生骨料进行了测试，其劈裂强度比值汇总于表 5.16 中，对不同龄期的劈裂强度比汇总于表 5.17 中。

表 5.16　不同水泥剂量下的强度比

RCA 掺量	劈裂强度比			
	7 d	28 d	60 d	90 d
0	1.21	1.17	1.15	1.17
30%	1.22	1.14	1.19	1.20
60%	1.19	1.16	1.21	1.24
100%	1.18	1.13	1.21	1.22

表 5.17　不同龄期的强度比

RCA 掺量	水泥剂量 Pc	劈裂强度比			
		7 d	28 d	60 d	90 d
0	4%	0.65	0.90	0.97	1.00
	5%	0.67	0.90	0.95	1.00
30%	4%	0.67	0.91	0.98	1.00
	5%	0.68	0.86	0.97	1.00
60%	4%	0.67	0.91	0.96	1.00
	5%	0.65	0.85	0.94	1.00

续　表

RCA 掺量	水泥剂量 Pc	劈裂强度比			
		7 d	28 d	60 d	90 d
100%	4%	0.69	0.91	0.99	1.00
	5%	0.66	0.85	0.98	1.00

5.2.5　弯拉强度

1. 弯拉强度测试

对不同再生骨料掺量的水泥稳定再生骨料进行了各个龄期下的弯拉强度测试，实测结果汇总于表 5.18 中。

表 5.18　弯拉强度结果

RCA 掺量	水泥剂量 Pc	不同龄期下的弯拉强度代表值 /MPa			
		7 d	28 d	60 d	90 d
0	4%	0.37	0.60	0.72	0.71
	5%	0.53	0.71	0.78	0.86
30%	4%	0.43	0.58	0.77	0.85
	5%	0.62	0.80	0.92	0.86
60%	4%	0.47	0.65	0.80	0.92
	5%	0.64	0.82	0.89	0.95
100%	4%	0.49	0.65	0.88	0.98
	5%	0.63	0.82	1.00	0.98

2. 弯拉强度增长模型

水泥稳定再生骨料弯拉强度增长规律如图 5.8 所示。

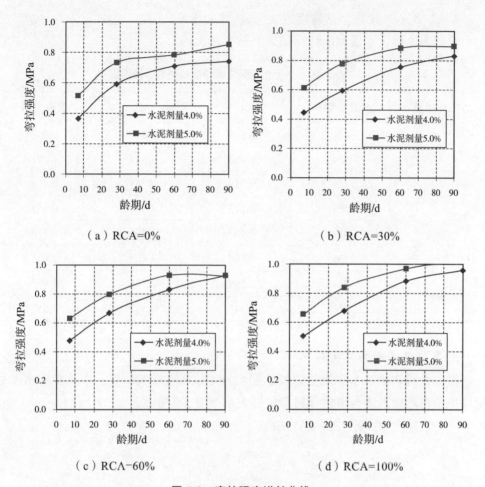

（a）RCA=0%   （b）RCA=30%

（c）RCA=60%   （d）RCA=100%

图 5.8 弯拉强度增长曲线

图 5.8 表明，水泥稳定再生骨料的弯拉强度在早期增长非常快，后期则逐渐变慢，整体呈现出非线性增长的规律。

本试验采用式（5.4）来表征水泥稳定再生骨料的弯拉强度：

$$\frac{R_{w,t}}{R_{w,\infty}} = a_w(\ln t)^{b_w} \qquad (5.4)$$

式中　t——龄期（d），一般 $t \geqslant 7\,\mathrm{d}$；

　　　$R_{w,t}$——t 龄期的弯拉强度（MPa）；

　　　$R_{w,\infty}$——∞ 龄期的弯拉强度（MPa），本试验取 $R_{w,\infty}$ 为 $R_{w,90}$。

a_w，b_w——系数，其物理意义同式（5.1）。

根据表 5.18，本研究的计算结果汇总于表 5.19。

表 5.19   水泥稳定再生骨料弯拉强度计算结果

RCA 掺量	水泥剂量 Pc	a_w	b_w	相关系数
0	4%	0.285	0.879	0.957
	5%	0.403	0.577	1.001
30%	4%	0.314	0.744	0.994
	5%	0.513	0.477	0.951
60%	4%	0.288	0.750	0.970
60%	5%	0.504	0.465	1.004
100%	4%	0.298	0.746	0.980
	5%	0.443	0.537	0.952

3.弯拉强度影响因素探究

再生骨料掺量、水泥用量以及龄期均为弯拉强度影响因素。本试验中水泥稳定再生骨料弯拉强度与再生骨料掺量的关系如图 5.9 所示。

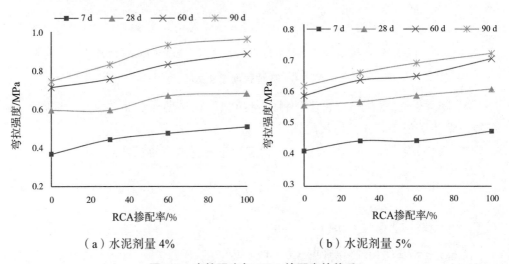

（a）水泥剂量 4%   （b）水泥剂量 5%

图 5.9   弯拉强度与 RCA 掺配率的关系

图 5.9 显示，随着再生骨料掺量的增大，水泥稳定再生骨料的弯拉强度也在

增大，但变化量相对不大。出现上述现象的原因一方面是再生骨料中含有一定量的活性物质，可以与水泥水化产物中的氢氧化钙反应生成具有一定胶凝强度的产物（火山灰反应），这在一定程度上提高了水泥稳定再生骨料的早期强度。但是相较于产物的强度数值较低，对于后期混合料强度的增长贡献几乎可以忽略不计，故出现了如图 5.9 所示的现象。

另一方面，水泥剂量和龄期对于水泥稳定再生骨料的弯拉强度也有一定的影响，本试验对不同水泥剂量（5% 及 4%）下的再生骨料进行了测试，其弯拉强度比值汇总于表 5.20 中，不同龄期再生骨料的弯拉强度的比值汇总于表 5.21 中。

表 5.20　不同水泥剂量下再生骨料的弯拉强度比

RCA 掺量	水泥剂量 Pc	弯拉强度比			
		7 d	28 d	60 d	90 d
0	4%	0.49	0.80	0.96	1.00
	5%	0.61	0.86	0.92	1.00
30%	4%	0.53	0.71	0.91	1.00
	5%	0.69	0.87	0.99	1.00
60%	4%	0.51	0.72	0.89	1.00
	5%	0.68	0.86	1.00	1.00
100%	4%	0.53	0.71	0.92	1.00
	5%	0.65	0.83	0.95	1.00

表 5.21　不同龄期再生骨料的弯拉强度比

RCA 掺量	弯拉强度比			
	7 d	28 d	60 d	90 d
0	1.23	1.41	1.24	1.11
30%	1.13	1.39	1.31	1.17
60%	1.19	1.33	1.19	1.12
100%	1.33	1.30	1.24	1.10

5.2.6　水泥稳定再生骨料力学指标的关系模型

1.水泥稳定再生骨料劈裂强度与抗压强度

水泥稳定再生骨料劈裂强度和抗压强度的关系曲线如图 5.10 所示。

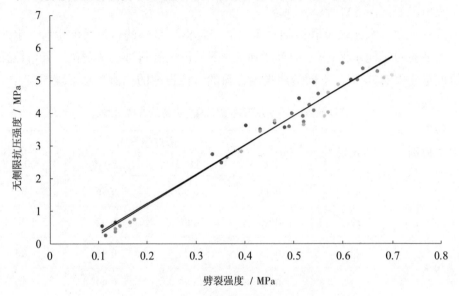

图 5.10　无侧限抗压强度与劈裂强度的关系曲线

图 5.10 显示，上述水泥稳定再生骨料的两种强度呈线性关系，关系式如（5.5）所示。

$$R_c = 9.284 R_s \tag{5.5}$$

2.水泥稳定再生骨料抗压强度与抗压回弹模量

水泥稳定再生骨料抗压强度与抗压回弹模量的关系曲线如图 5.11 所示。

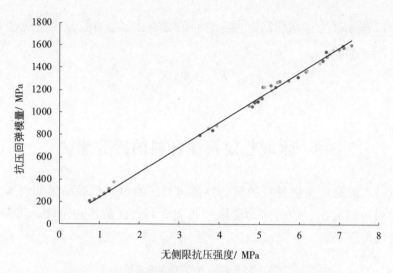

图 5.11　抗压回弹模量与无侧限抗压强度的关系曲线

图 5.11 显示，上述水泥稳定再生骨料的抗压强度与抗压回弹模量呈线性关系，关系式如（5.6）所示。

$$E_C = 248.1R_C \tag{5.6}$$

3. 水泥稳定再生骨料劈裂强度与弯拉强度

水泥稳定再生骨料劈裂强度与弯拉强度的关系曲线如图 5.12 所示。

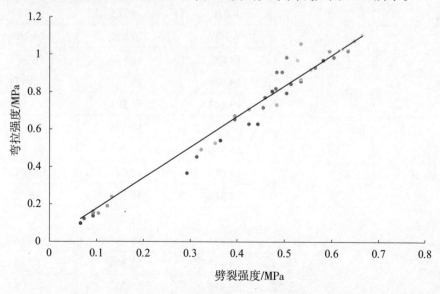

图 5.12　弯拉强度与劈裂强度的关系曲线

图 5.12 显示，上述水泥稳定再生骨料的劈裂强度与弯拉强度呈线性关系，关系式如（5.7）所示。

$$R_w = 1.402R_s \qquad (5.7)$$

5.3 水泥稳定再生骨料的疲劳测试

本节对水泥稳定再生骨料的疲劳性能进行了测试，试验结果如表 5.22 所示。从试验结果可以看出，疲劳寿命受限于再生骨料性能的不稳定性，离散性很大，变异系数较高。

表 5.22 疲劳寿命测试结果

RCA 掺量	水泥剂量 Pc	下列应力水平对应疲劳寿命 / 次		
		0.80 S	0.75 S	0.70 S
0	4%	4 202	12 953	37 791
		5 047	24 337	59 511
		7 969	33 502	68 721
		9 616	39 205	97 329
0	5%	6 170	20 525	54 266
		12 082	31 149	86 822
		14 820	46 152	123 171
		19 203	53 191	141 845
30%	4%	5 880	16 598	48 339
		16 830	23 781	86 598
		19 085	42 472	130 215
		30 823	48 329	143 320
	5%	7 896	21 302	72 799
		13 751	38 136	123 264
		18 678	51 204	172 834
		31 410	62 721	202 083

RCA 掺量	水泥剂量 Pc	下列应力水平对应疲劳寿命 / 次		
		0.80 S	0.75 S	0.70 S
60%	4%	7 717	17 917	67 351
		10 834	24 243	105 099
		16 356	32 844	169 543
		26 877	45 644	190 134
	5%	9 571	26 993	84 267
		22 737	40 887	135 827
		39 044	57 818	170 694
		46 771	81 482	251 219
100%	4	10 394	34 008	96 208
		16 599	51 079	190 522
		25 948	100 566	273 011
		38 289	113 569	339 826
	5	12 078	25 709	124 541
		17 962	34 321	139 258
		22 710	40 370	212 349
		34 105	41 980	280 485

5.4 水泥稳定再生骨料施工工艺及质量控制

本研究以旧水泥混凝土路面破碎、旧料收集加工,水泥稳定再生骨料施工、质量控制为例,详细介绍水泥稳定再生骨料施工工艺及质量控制,以供读者参考。

5.4.1 旧水泥混凝土路面破碎工艺

1. 准备破碎设备

除了配备机械化设备外,还必须配置风镐或小型柴油破碎机用于局部破碎。视开挖工程量、工程进度合理配置破碎设备的数量。开挖过程中,要及时检查设备,以确保功能完善,不满足要求的设备要及时维修、更新;对于易磨损零部件，要事先购置以备及时更新。除此之外，还要配置足够数量的自卸汽车和装载机。

2.现场排水系统

路面在破碎过程中容易积水，会影响破碎施工工艺的连续性、可操作性，严重时可能迫使破碎停顿，在有些情况下还会使得水泥破碎块的性能大幅降低。因此，完善的排水设施在水泥路面破碎中是必不可少的。

一般要求设置边沟以保证排水。如果没有规定设置边沟，则应将路肩挖至与混凝土路面基层同一高度处，以使水能从该区域排出。在一些不宜设置边沟路段，需要时可以设置暗沟排水，如现有混凝土板块明显淤泥、平曲线超高段的低边及所有其他存在排水问题的区域。

3.移除现存的沥青罩面和沥青修补表面

水泥路面破碎前，应先移除所有混凝土板块上存在的沥青层，包括现存的沥青罩面和沥青修补表面。沥青层移除可用铣刨机铣刨，也可采用风镐等处理。移除下来的沥青面层材料应分开处理，避免混入旧水泥块中。

4.锯缝

在与将破碎路面邻近路面需要保留的地方，应沿已有接缝切割新的、全深度范围内的锯缝，切断计划破碎和计划保留的混凝土路面间所有的传荷装置。

5.维护交通

在碎石化施工之前应修整需保留的路面或路肩，以便施工期间开放交通。

6.旧水泥面板破碎

（1）试验区。在大规模破碎施工正式开始之前，应根据路况调查资料，在有代表性的路段选择至少长 10 m、宽 3.75 m（一个车道）的路面作为试验区，观测破碎深度、破碎板块尺寸等，确定破碎工艺参数。

（2）破碎方向。一般情况下，应先破碎路面两侧的车道，这是因为两侧缺乏侧向约束，有利于破碎，然后破碎中部的行车道。在破碎路肩时应适当降低外侧锤头高度，既保证破碎效果，又不至于因破碎功过大而导致破碎过深，影响基层。

（3）破碎深度及尺寸要求。要求面板全深度范围破碎；破碎过程中要尽量保证不损害水泥面板下承层。破碎后板块的平面尺寸在 40 cm 左右。

（4）施工中和施工后修复软弱基层或底基层。对于在碎石化施工中发现的部分单独的软弱基层或底基层，在无特殊规定的情况下可按以下程序加以修复：

①挖除混凝土路面和底基层；②如有需要，开挖相应路段到有足够稳定性的深度；③换填材料应符合规范要求，高度是从路基到破碎混凝土板底；④剩余的部分，除非有其他要求，否则应采用与 HMA 罩面底层相同的拌合料回填；⑤回填材料时应采用良好的回填技术，最小的挖补尺寸为车道全宽且不小于 1.2 m 长，以便压实设备工作。

（5）凹处回填。如果水泥面板下承层不做处理，直接作为结构层，应对 5 cm 以上的凹处进行回填。应用密级配碎石或无机结合料稳定碎石回填，并保证压实后的路面与周围路面形成平整的表面。

（6）清除原有填缝料、接缝钢筋。对于从水泥板块边缘或接缝处破碎出的破碎块，应采用人工方式清除填缝料、胀缝材料或其他类似物，剔除接缝钢筋，必要时，可整体丢弃破碎块。

（7）洒水防尘。用洒水车或人工在破碎后表面洒少量水以防尘。洒水要均匀，保证表面潮湿而又不形成径流，防止带走细小颗粒。

（8）装载运输。对符合要求的破碎块，用装载机装载至自卸式运输车，再由运输车运输至碎石破碎厂并按要求堆放。

5.4.1　旧水泥路面再生集料的制备

旧水泥路面再生集料的制备是指将符合要求的破碎块，经破碎、筛分后形成粒径满足要求的集料，包括破碎、分级两个过程，其中破碎最为关键。

根据前文中的研究可知，随着破碎研究的深入，再生骨料的资源特性与加工特性越来越优良，即粗集料表观密度增大，吸水率、针片状含量、压碎值与磨耗值降低，细集料砂当量增大、棱角性降低。根据研究推荐如下破碎工艺：

（1）再生集料用于基层及底基层：颚式破碎＋反击式破碎、圆锥破碎或冲击破（二级破碎）。

（2）再生集料用于沥青稳定碎石基层及下面层：颚式破碎＋反击式破碎、圆锥破碎或冲击破＋整形机（三级破碎）。

不同来源的水泥板块应分别堆放，破碎后材料要分别堆放。

在生产过程中强制要求一级破碎颚口下装 2 cm 除土振动筛，二级破碎采用圆锥破、冲击破或反击式碎石机生产。

采用振动筛分级，分级筛孔尺寸应根据使用层位、拌和设备及相应技术规程和标准确定。碎石生产过程中采用振动筛筛孔尺寸应符合表 5.23 的要求，振动筛安装角度为 25°。

表 5.23　振动筛等效筛孔

标准筛筛孔 /mm	37.5	19	9.5	4.75
振动筛筛孔 /mm	41	22	11	6

　　破碎分级后的再生集料应按不同粒径分类堆放，以利于施工时掺配，采用的套筛应与规定要求一致。

　　当再生集料用于基层及底基层时，底基层碎石的最大粒径为 37.5 mm，基层碎石的最大粒径为 31.5 mm。由于稳定土拌和设备为连续式拌和，选用的碎石粒级应严格控制，基层与底基层用级配碎石备料应按粒径 A 料 31.5 ～ 19 mm（37.5 ～ 19 mm）、B 料 19.0 ～ 9.5 mm、C 料 9.5 ～ 4.75 mm 和 D 料 4.75 ～ 0 mm 共四种规格筛分加工出料。在施工中也是按此四种规格拌和配置集料。各粒径具体规格如表 5.24 所示。

表 5.24　水泥稳定再生集料的再生集料规格要求

料　号	规格/mm	通过下列筛孔（mm）的质量百分率 /%									
		37.5	31.5	26.5	19	13.2	9.5	4.75	2.36	0.6	0.075
A₁ 料	37.5 ～ 19	100	85 ～ 95	—	0 ～ 15	0 ～ 5					
A₂ 料	31.5 ～ 19		100	65 ～ 85	0 ～ 15		0 ～ 5				
B 料	19 ～ 9.5				90 ～ 100	—	0 ～ 15	0 ～ 5			
C 料	9.5 ～ 4.75						90 ～ 100	0 ～ 15	0 ～ 5		
D 料	4.75 ～ 0							90 ～ 100	60 ～ 90	20 ～ 55	5 ～ 12

　　当再生集料用于沥青稳定碎石（ATB-25 或 ATB-30）时，ATB-25 的最大粒径为 31.5 mm，ATB-30 的最大粒径为 37.5 mm。推荐按粒径 A 料 31.5 ～ 19 mm（37.5 ～ 19 mm）、B 料 19.0 ～ 9.5 mm、C 料 9.5 ～ 4.75 mm、D 料 4.75 ～ 2.36 mm 和 E 料 2.36 ～ 0 mm 五种规格筛分加工出料，具体规格如表 5.25 所示。

表 5.25　沥青稳定碎石的再生集料规格要求

规格名称	规格/mm	通过下列筛孔（mm）的质量百分率/%												
		37.5	31.5	26.5	19.0	13.2	9.5	4.75	2.36	1.18	0.6	0.3	0.15	0.075
A₁料	37.5～19	100	80～100	–	0～15	0～5								
A₂料	31.5～19		100	80～100	0～15	0～5								
B料	19～9.5			100	90～100	–	0～15	0–5						
C料	9.5～4.75				100		90～100	0～15	0–5					
D料	4.75～2.36						100	90～100	0～15	0～3				
E料	2.36～0							100	80～100	50～80	25～60	8～45	0～25	0～15

5.4.2　旧水泥路面再生骨料的储存与检测

（1）集料场地必须用贫混凝土硬化，且各储料仓必须采用砖砌进行分隔，各种规格集料必须分类台阶式堆放，严禁混料和混装，除尘口的废料必须及时清理废弃，严禁与细集料混合。

（2）各种材料运至现场后必须抽样检验，合格后方可使用，不得以供应商提供的检测报告或商检报告代替现场检测。

（3）试验检测合格材料和未检测材料必须分开存放，检测不合格材料必须及时清理出场。相同料源、规格、品种的原材料为一批，分批量检验和储存，并根据不同的检验状态和结果采用统一的材料标识牌进行标识。材料标识牌规范齐全，标识内容应包括材料名称、产地、规格型号、检验状态等。

（4）运至拌和场的各种原材料应搭设轻型钢结构顶棚存放，顶棚高度不小于7 m。各规格集料应通过隔离墙分开堆放，隔离墙高 1.8 m、厚 30 cm。雨天水不能进入堆放区域。

（5）对于再生粗集料，破碎后和进行配合比试验前应进行 2 次性能检测；进料过程中每月均应进行 2 次全面性能检测；材料单项指标异常时，应进行单项或多项指标试验。再生粗集料应满足表 5.26 和表 5.27 中的相关要求。

表 5.26　水泥稳定再生集料的再生粗集料性能要求

项　目	压碎值		针片状	
	底基层	基层	大于 9.5 mm	4.75 ~ 9.5 mm
质量要求	35%	30%	≤ 15%	≤ 20%

表 5.27　沥青稳定再生粗集料性能要求

指　标	高速公路及一级公路	其他等级公路与城市道路	试验方法
石料压碎值	不大于 28%	不大于 30%	T 0316
洛杉矶磨耗损失	不大于 30%	不大于 40%	T 0317
表观相对密度	不小于 2.50 t/m³	不小于 2.45 t/m³	T 0304
吸水率	不大于 2.0%	不大于 3.0%	T 0304
坚固性	不大于 12%	—	T 0314
针片状颗粒含量（混合料） 其中粒径大于 9.5 mm 其中粒径小于 9.5 mm	不大于 18% 不大于 15% 不大于 20%	不大于 20% — —	T 0312
水洗法 <0.075 mm 颗粒含量	不大于 1%	不大于 1%	T 0310
软石含量	不大于 5%	不大于 5%	T 0320

（6）再生细集料应洁净、干燥、无风化、无杂物，且有适当的颗粒级配；细集料堆放时必须搭棚严密覆盖。在破碎后和进行配合比试验前应进行 2 次技术性能检测，进料过程中每月均应进行 2 次全面性能检测；材料单项指标异常时，应进行单项或多项指标试验；每 1 000 m³ 进行 1 次级配砂当量检测。当再生细集料用作水泥稳定再生集料基层或底基层时，要求砂当量不小于 55%；当用作沥青稳定再生集料基层或下面层时，再生细集料应满足表 5.28 的相关要求。

表 5.28　沥青稳定再生集料的再生细集料性能要求

项　目	高速公路及一级公路	其他等级公路与城市道路	试验方法
表观相对密度	不小于 2.50 t/m³	不小于 2.45 t/m³	T 0328
坚固性（>0.3mm 部分）	不小于 12%	—	T 0340
含泥量（小于 0.075 mm 的含量）	不大于 3%	不大于 5%	T 0333
砂当量	不小于 60%	不小于 50%	T 0334
亚甲蓝值	不大于 25 g/kg	—	T 0349
棱角性（流动时间）	不小于 30 s	—	T 0345

5.4.3　水泥稳定再生集料的设计与施工关键技术

1. 水泥稳定再生集料的设计

（1）水泥稳定再生集料设计材料的要求如下。

①再生集料。再生集料颗粒组成及技术性能应符合表 5.24 和表 5.26 的要求。再生细集料的砂当量不低于 55%。

②水泥。采用缓凝的复合水泥或道路专用水泥，禁止使用快硬水泥、早强水泥以及已受潮变质的水泥。要求水泥强度等级不低于 32.5 MPa；水泥细度、安定性等应符合规范要求；水泥初凝时间 4 h 以上，终凝时间不小于 6 h。如采用散装水泥，在水泥进场入罐时，检验安定性合格后方可使用，每批次进场水泥必须有出厂检验合格证。

夏季高温作业时，散装水泥入罐温度不能高于 50 ℃，若高于这个温度，又必须使用时，应采取降温措施；冬季施工时，水泥进入拌缸温度不应低于 10 ℃。

③水。路面基层与底基层用水和养护用水，一般采用人和牲畜能饮用的水，如采用其他用水时，必须符合表 5.29 要求。

表 5.29　水的技术要求

项　目	pH 值	SO_4^{2-} 含量 /（mg·mm⁻³）	含盐量 /（mg·mm⁻³）
质量标准	≥ 4	< 0.002 7	≤ 0.005

（2）水泥稳定再生骨料的设计标准如下。

①矿料级配范围。矿料级配参照《公路沥青路面设计规范》执行。高速公路、一级公路的基层或上基层宜选用骨架密实型混合料，二级及二级以下公路的基层和各级公路的底基层可采用悬浮密实型混合，集料的级配宜符合表 5.30 号 5.31 级配范围的要求。

表 5.30 悬浮密实型水泥稳定类集料级配

层　位	通过下列方筛孔（mm）的质量百分率 /%							
	37.5	31.5	19.0	9.50	4.75	2.36	0.6	0.075
基层		100	90 ～ 100	60 ～ 80	29 ～ 49	15 ～ 32	6 ～ 20	0 ～ 5
底基层	100	93 ～ 100	75 ～ 90	50 ～ 70	29 ～ 50	15 ～ 35	6 ～ 20	0 ～ 5

表 5.31 骨架密实型水泥稳定类集料级配

层　位	通过下列方筛孔（mm）的质量百分率 /%						
	31.5	19.0	9.50	4.75	2.36	0.6	0.075
基层	100	68 ～ 86	38 ～ 58	22 ～ 32	16 ～ 28	8 ～ 15	0 ～ 3

②强度标准。水泥稳定类材料压实度、7 d 饱水无侧限抗压强度代表值必须符合表 5.32 要求。

③水泥剂量。水泥稳定再生集料的水泥剂量一般为 3% ～ 5.5%，当达不到强度要求时应调整级配，水泥的最大剂量不应超过 6%。

表 5.32 压实度及 7 d 无侧限抗压强度

层　位	稳定类型	特重交通		重、中交通		轻交通	
		压实度	抗压强度 /MPa	压实度	抗压强度 /MPa	压实度	抗压强度 /MPa
基层	集料	≥98%	3.5 ～ 4.5	≥98%	3 ～ 4	≥97%	2.5 ～ 3.5
	细粒土	—	—	—	—	≥96%	
底基层	集料	≥97%	≥ 2.5	≥97%	≥ 2	≥96%	≥ 1.5
	细料土	≥96%		≥96%		≥95%	

（3）水泥稳定再生骨料的试验室配合比设计如下。

①再生集料风干后，必须在 105 ℃烘箱中加热 4 ～ 6 h 测其结合水的含量w_j，用于击实试验过程中的含水量修正。

注：再生集料中的水泥是一种胶凝材料，这些胶凝材料由硅酸钙、铝酸钙等组成，且含有一定量的结合水，在温度较高的情况下，这些结合水会被蒸发出来。因此，用烘干的方法确定击实试验的加水量时，结合水质量被算入加入水的质量中，由此确定的最佳含水量偏大。在实际施工过程中，由于温度较低，结合水并未参与水泥水化反应。击实试验中采用烘干法测试的含水量，包含了外加水与结合水的质量，因此，需要减去结合水的含水量w_j进行修正。

②根据工地实际使用集料的筛分结果，确定各规格集料组成比例，合成集料级配应符合表 5.30、5.31 的规定。

③按五种水泥剂量试配水泥稳定再生集料。水泥与矿料的比例如下：3.5∶100，4.0∶100，4.5∶100，5.0∶100，5.5∶100。在每组水泥剂量下，进行 5 组外加水量试验。

④参照《公路工程无机结合料稳定材料试验规程》（JTG E51—2009）中的重型击实方法确定最佳含水量与最大干密度。每组实验的外加含水量采用如下方法计算：

a. 当风干再生集料时：$w_w = w_m - w_j$；

b. 当烘干再生集料时：$w_w = w_m$

式中　w_w为外加含水量（%）；

w_m为混合料的烘干含水量（%）；

w_j为再生集料的结合水含量（%）。

在同一水泥剂量下，绘制外加含水量w_w与干密度的曲线，由此确定最佳含水量w_o。

⑤按前文规定压实度分别计算不同剂量水泥稳定再生集料混合料应有的干密度。按计算的干密度和最佳含水量w_o，制备不同剂量水泥稳定再生集料$h15\ \text{cm} \times \Phi15\ \text{cm}$ 圆柱体试件。

⑥试件放入温度为（20±2）℃，相对湿度在95%以上的养护室内养生6 d，取出后浸于（20±2）℃恒温水槽中，并使水面高出试件顶约2.5 cm。

⑦将浸水24 h的试件取出，用软布吸去试件表面的水分，量高称重后，立即进行无侧限抗压强度试验。无侧限抗压强度代表值按式（5.8）或式（5.9）计算：

$$R_{0.95} = \overline{R}(1 - 1.645C_v) \qquad (5.8)$$

$$R_{0.95} = \overline{R} - 1.645S \qquad (5.9)$$

式中　$R_{0.95}$——95%保证率的无侧限抗压强度代表值（MPa）；

　　　$\overline{R}$——该组试件无侧限抗压强度的平均值（MPa）；

　　　C_v——该组试件无侧限抗压强度的变异系数（以小数计）；

　　　S——该组试件无侧限抗压强度的标准差（保留小数点后2位）。

⑧根据上文的强度标准和水泥剂量标准，选择合适的水泥剂量。若达不到要求，重新调整配合比或更换原材料进行设计。

（4）有关施工配合比确定与调整的方法如下。

①试验室配合比应通过水泥稳定再生集料拌和站实际拌和检验与不小于200 m试验段的验证，根据摊铺、压实以及现场芯样情况，确定矿料级配和标准密度。

②结合施工中原材料变化和施工变异性等因素，工地实际使用水泥剂量可增加0～0.5%。

③每天开盘前，必须检测原材料级配和天然含水量，检验矿料级配准确性和稳定性，并视施工季节、气温和运距等的变化，确定拌和含水量，确保碾压时含水量接近最佳含水量且波动最小。

2.水泥稳定再生集料基层（底基层）的施工

（1）施工前的准备工作。

①路床准备（铺筑底基层）：

a.路床表面应平整、坚实，具有规定的路拱，路床的高程、中线偏位、宽度、横坡度和平整度应符合《公路路基施工技术规范》（JTG F10—2006）的规定。

b.在铺筑水泥稳定再生集料底基层前，应将路床上的浮土、杂物全部清除，保持表面整洁，并适当洒水润湿，使其符合国家的有关规定和图纸要求。

c.路床上的车辙、松软及不符规定的部位均应翻挖、清除，并以同类混合料填补，其压实厚度不得小于10 cm，重新整型、碾压应符合压实度的要求。

②底基层的准备（铺筑基层）：

a.底基层表面应平整、坚实，具有规定的路拱，底基层的高程、中线偏位、宽度、横坡度和平整度应符合规范中的相关规定。

b.底基层碾压成型后应立即进行压实度检查，凡不符合要求的路段，应在规定时间内采用补充碾压、换填符合要求的材料等措施进行处理，并按相关规定进行检查与验收。

c.对底基层应进行彻底清扫，清除浮土、各类杂物及散落材料，保持表面整洁。水泥稳定再生集料摊铺时，要保证下承层表面湿润。

（2）混合料的拌和。

①开始拌和前，拌和场的备料应能满足连续摊铺的需要。

②开始搅拌前，应检查场内各种集料的含水量，计算当天的生产配合比，应用流量计将拌和含水量控制在最佳含水量 ±0.5% 以内。在充分估计施工富余强度时要从缩小施工偏差入手，不得以降低碎石用量的方式提高路面基层强度。

③开始搅拌之后，出料时要取样检查是否符合设计的配合比。进行正式生产之后，要随时检查拌和情况，抽检其配合比、水泥剂量、含水量是否变化。对于配合比、水泥剂量，每工班至少检测2次。高温作业时，早晚与中午的含水量要有区别，要按温度变化及时调整。

④拌和机出料不允许采取自由跌落式落地成堆和装载机装料运输的方式。一定要配备带活门漏斗的料仓，由漏斗出料直接装车运输，装车时车辆应前后移动，分三次装料，使物料呈"品"字形，避免混合料离析。

（3）混合料的运输。

①运输车辆在每天开工前要检验其完好情况，装料前应将车厢清洗干净。运输车辆数量一定要满足拌和出料与摊铺需要，并略有富余。

②应尽快将拌成的混合料运送到铺筑现场。混合料运输车辆应有覆盖，以减少水分损失。

（4）混合料的摊铺。

①摊铺前应将底基层（路床）适当洒水湿润，按试验路段铺筑时确定的松铺系数摊铺混合料。

②摊铺前应检查摊铺机各部分的运转情况，而且每天都要坚持做此项工作。

③调整好传感器臂与导向控制线的关系；严格控制基层厚度和高程，保证路拱横坡度满足设计要求。

④摊铺机必须连续摊铺。如拌和机生产能力较小，在用摊铺机摊铺混合料

时，应以最低速度摊铺，禁止摊铺机停机待料。摊铺机的摊铺速度宜控制在 1 m/min 左右。

⑤基层混合料应采用 2 台性能相当的摊铺机梯队作业并挂线摊铺。若采用 2 台摊铺机，摊铺机应选用同一机型，一前一后，应保证前后速度一致、摊铺厚度一致、松铺系数一致、路拱坡度一致、摊铺平整度一致、振动频率一致等，2 台摊铺机间距离应控制在 10 m 以内，以保证接缝平整，且一台摊铺机的铺筑宽度不宜超过 7.5 m，两幅搭接位置宜避开车道的轮迹带。

⑥摊铺机的螺旋布料器应根据摊铺速度保持稳定速度均衡转动，两侧应保持不低于送料器 2/3 高度的混合料，并在螺旋布料器挡板下方加设挡板，以减少混合物在摊铺过程中的离析。

⑦摊铺机后面应设专人消除粗细集料离析现象，特别应该铲除局部粗集料"窝"，并用新拌混合料填补。

⑧基层可以分层连续施工，每层之间的施工间隔时间不超过 3 h，如无法连续施工时，应养生 7 d 后再铺筑一层水泥稳定再生集料基层。若上、下基层不能连续摊铺，为了使上基层与下基层实现良好的结合，要求单幅 4 车道每 20 m（湿润的基层上）撒布水泥粉一袋（50 kg），8 车道每 20 m 撒布水泥粉两袋（100 kg），并用扫帚扫均匀。

（5）碾压工作。

①每台摊铺机后面，应紧跟振动压路机和轮胎压路机进行碾压，一次碾压长度一般为 50 ~ 80 m。碾压路段必须层次分明，设置明显的分界标志，有监理旁站。碾压时，混合料的含水量应略高于最佳含水量，且控制在 0.5% 以内。

②碾压应遵循试铺路段确定的程序与工艺。注意稳压要充分，振压不起浪、不推移。压实时可以先稳压（遍数适中，压实度宜达到 90%），开始轻振动碾压，再重振动碾压，最后胶轮稳压，压至无轮迹为止。碾压完后用灌砂法检测压实度。

③压路机碾压时应重叠 1/2 轮宽。

④压路机倒车换挡要稳且平顺，不要拉动基层，在第一遍初步稳压时，倒车后必须原路返回，换挡位置应在已压好的路段上，在未碾压的一头换挡倒车时，位置应前后错开，要呈齿状或阶梯状，出现拥包时，应由专人进行铲平处理。

⑤碾压时，建议压路机行驶速度，第 1 ~ 2 遍为 1.5 ~ 1.7 km/h，之后各遍应为 1.8 ~ 2.2 km/h。

⑥压路机停车要相互错开，间隔不小于 3 m，并应停在已碾压好的路段上，以免破坏基层结构。

⑦严禁压路机在已完成的或正在碾压的路段上掉头和急刹车，以保证水泥稳定再生集料层表面不被破坏。

⑧为保证水泥稳定再生集料基层边缘强度，应有一定的超宽，并采用模板支挡。3 层连续施工的路段，必须等 3 层全部铺筑完成后，才可拆模。

⑨对于进行压实度检测后的坑洞，应及时用水泥稳定再生集料（对于取芯试坑要求用 C15 混凝土）分层回填，并用铁锤砸实。

（6）养生工艺。

①路段碾压完成以后应立即进行压实度检查，同时采用湿润的土工布严密覆盖养生，直至下一道工序施工前，不得使水稳层处于干燥、暴晒状态。

②用 8 t 以下洒水车洒水养生时，洒水车要用喷雾式喷头，不得用高压式喷管，以免破坏基层结构，每天的洒水次数应视气候而定。养生期间应始终保持水泥稳定再生集料层表面湿润，特别是结构物边角部位和路面边缘部位，要专人养生。

③设专人负责养生工作，并作每日养生记录。在养生期内设专人进行交通管制，禁止一切车辆在基层行驶。

3. 水泥稳定再生集料基层（底基层）的施工质量控制与检验

施工过程中的质量控制：

（1）一般要求。水泥剂量的测定应在拌和机正常拌和后取样，并立即（一般规定小于 10 min）送到工地试验室进行检测。除要求用滴定法检测水泥剂量外，还必须进行总量控制，即记录每天的实际水泥用量、集料用量和实际工程量，计算对比水泥剂量是否一致。

（2）质量控制。施工中应加强水泥稳定再生集料基层的过程控制。承包人应按表 5.33 规定的项目、频度进行检查，监理工程师按所列频度的 20% 进行抽检。

表 5.33 水泥稳定再生集料底基层与基层质量控制的项目、频率和标准

序 号	项 目	频 度	质量标准
1	级配	每台拌和机、每工作日 上、下午各 1 组	符合设计要求
2	配合比（振动击实、标准曲线强度、级配）	料源发生变化时进行	

续 表

3	集料压碎值	观测异常时随时试验	≥ 30% 或 35%	
4	含水量	每日施工前检查 1 次	拌和时，高于最佳含水量 0.5 ~ 1.0%；摊铺时，高于最佳含水量 0.5% 以内	
5	水泥剂量	每台拌和机、每天不少于 4 次	水泥剂量不小于设计值的 1.0%	
6	拌和均匀性	随时观测	无灰条，灰团，色泽均匀，无粗细集料离析现象	
7	压实度	每一作业面检查 6 次以上或每 200 m、每车道 2 处	≥ 98%（基层）	≥ 97%（底基层）
8	抗压强度	每工作班上、下午各 1 组	4.1 Mpa	3.6 MPa

除应符合技术规范的要求，还应满足以下几点：

（1）混合料级配应符合技术规范要求，其计量误差应在允许范围内。混合料拌和均匀，无粗细颗粒离析现象。混合料检测以水洗法为主，通过 2.36 mm 的筛孔，制定级配是否满足要求。

（2）进行压实度检查，压实度检测应达到规范和细则要求；取芯时应采用 ϕ 150 mm 的钻头进行钻孔取芯，对于（底）基层龄期大于 10 d 的，必须芯样完整、厚度满足要求、无明显断层和松散层（并要求钻取芯样后用数码相机记录芯样桩号、取芯时间及现场监理姓名），芯样由路面施工单位编号上架存放。

（3）水泥稳定再生集料基层检查项目及检验标准如表 5.34 和表 5.35 所示。

表 5.34　水泥稳定再生集料底基层施工过程实测项目

项次	检查项目		规定值或允许偏差		检查方法和频率
			高速公路一级公路	其他公路	
1	压实度 / %	代表值	≥ 98	≥ 97	按《公路工程质量检验评定标准》（JTG F8011—2017）附录 B 检查，每 200 m 测 2 点
		极值	≥ 94	≥ 93	

项次	检查项目		规定值或允许偏差		检查方法和频率
			高速公路一级公路	其他公路	
2	平整度 /mm	最大间隙	≤ 8	≤ 12	3m 直尺；每 200 m 测 2 处 ×10 尺
3	纵断高程 /mm		+ 5, −10	+ 5, −15	水准仪；每 200 m 测 4 个断面
4	宽度 /mm		满足设计要求		尺量；每 200 m 测 4 处
5	厚度 /mm	代表值	−8	−10	按《公路工程质量检验评定标准 JTG F8011−2017》附录 H 检查，每 200 m 测 2 点
		合并值	−10	−20	
6	横坡 / %		± 0.3	± 0.5	水准仪；每 200 m 测 4 个断面
8	强度 /MPa		满足设计要求		按《公路工程质量检验评定标准》（JTG F8011−2017）附录 G 检查

表 5.35　水泥稳定再生集料基层施工过程实测项目

项次	检查项目		规定值或允许偏差		检查方法
			高速公路一级公路	其他公路	
1	压实度 / %	代表值	≥ 96	≥ 95	按《公路工程质量检验评定标准》（JTG F8011—2017）附录 B 检查，每 200 m 测 2 点
		极值	≥ 92	≥ 91	
2	平整度 /mm	最大间隙	≤ 12	≤ 15	3m 直尺；每 200 m 测 2 处 ×10 尺
3	纵断高程 /mm		+5, −15	+5, −20	水准仪；每 200 m 测 2 个断面
4	宽度 /mm		满足设计要求		尺量；每 200 m 测 4 处

续 表

项次	检查项目		规定值或允许偏差		检查方法
			高速公路一级公路	其他公路	
5	厚度 /mm	代表值	–10	–12	按《公路工程质量检验评定标准》（JTG F8011—2017）附录 H 检查，每 200 m 测 2 点
		合并值	–25	–20	
6	横坡 / %		± 0.3	± 0.5	水准仪；每 200 m 测 4 个断面
8	强度 /MPa		满足设计要求		按《公路工程质量检验评定标准》（JTG F8011—2017）附录 G 检查

5.4.4 工程应用与评价

1. 工程概况

本项目依托某国道路面大中修工程铺筑试验路段展开研究。

该工程为四车道一级公路，路面类型原为水泥混凝土路面，水泥面板厚度为 24 cm，如图 5.14 所示。由于交通流量大、重载车辆多，水泥路面损坏情况较为严重，于 2009 年由四车道水泥混凝土路面改造为六车道沥青混凝土路面，其处治方案如下：挖除破损严重的断裂板块并采用 C35 混凝土换板，保留破损轻微的板块并进行压浆处理；然后在水泥面板上加铺 18 cm 水泥稳定碎石基层 +7 cm 粗粒式沥青混凝土（AC–25C）+4 cm 细粒式沥青混凝土（AC–13C）表面层。改造完成后道路情况如图 5.14 所示。该路面大中修工程于 2009 年 11 月份建成通车。

图 5.13　改造前道路状况

图 5.14 改造后道路状况

经过将近 5 年的使用，路面出现了大量纵横向裂缝、冒浆、车辙等损害。2014 年 9 月，对工程涉及路段进行了路面使用性能检测，检测内容包括路面破损状况、平整度、车辙、抗滑性能、结构强度，原路面取芯调查与检测等。

（1）路面破碎状况。路面主要病害是横向裂缝、纵向裂缝、冒浆、车辙病害，其他病害相对较少，如图 5.15 至图 5.17 所示。经调查发现上行线重载交通量较下行线大，空载率较下行线低，上行线路面损坏较下行线严重。

图 5.15 裂缝及修补

图 5.16 车辙 图 5.17 冒浆及修补

通过计算各路段沥青路面损坏状况的 PCI 值，如表 5.36 所示，由每公里 PCI 统计数据可知：PCI 评价为中的占 22%，PCI 评价为次的占 71%，PCI 评价为差的占 7%，路面损坏评价等级主要为次级。

表 5.36　路面损坏状况评价表

序　号	起止桩号	长度/km	上行线路面破损评价		下行线路面破损评价	
			路面损坏状况指数（PCI）	PCI 评价	路面损坏状况指数（PCI）	PCI 评价
1	K830+000 ～ K831+000	1.0	63	次	62	次
2	K831+000 ～ K832+000	1.0	62	次	63	次
3	K832+000 ～ K833+000	1.0	62	次	63	次
4	K833+000 ～ K834+000	1.0	60	次	61	次
5	K834+000 ～ K835+000	1.0	62	次	60	次
6	K835+000 ～ K836+000	1.0	61	次	62	次
7	K836+000 ～ K837+000	1.0	63	次	63	次
8	K837+000 ～ K838+000	1.0	58	差	61	次
9	K838+000 ～ K839+000	1.0	63	次	60	次
10	K839+000 ～ K840+000	1.0	60	次	64	次
11	K840+000 ～ K841+000	1.0	62	次	71	中
12	K841+000 ～ K842+000	1.0	59	差	73	中
13	K842+000 ～ K843+000	1.0	61	次	73	中
14	K843+000 ～ K844+000	1.0	64	次	72	中
15	K844+000 ～ K845+000	1.0	62	次	74	中
16	K845+000 ～ K846+000	1.0	63	次	73	中

续　表

序　号	起止桩号	长度 /km	上行线路面破损评价		下行线路面破损评价	
			路面损坏状况指数（PCI）	PCI 评价	路面损坏状况指数（PCI）	PCI 评价
17	K846+000 ～ K847+000	1.0	62	次	72	中
18	K847+000 ～ K848+000	1.0	65	次	75	中
19	K848+000 ～ K849+000	1.0	60	次	73	中
20	K849+000 ～ K850+000	1.0	63	次	66	次
21	K850+000 ～ K850+255	0.255	58	差	63	次
合　计		20.255				

（2）路面车辙。采用 3 m 直尺测试车辙，测量时上、下行线每 200 m 断面测量 1 处，当测量值小于 15 mm 时，为轻度车辙，当测量值大于 15 mm 时，为重度车辙。车辙深度如图 5.18、图 5.19 所示。

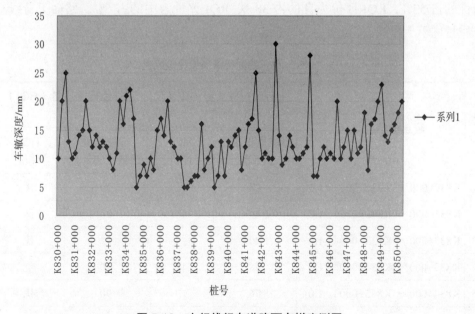

图 5.18　上行线行车道路面车辙实测图

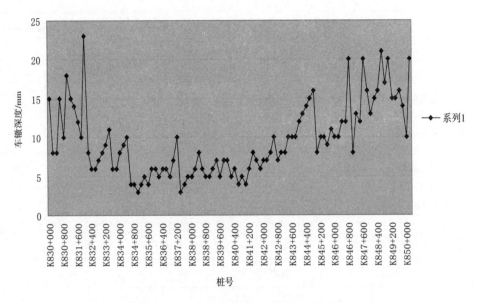

图 5.19　下行线行车道路面车辙实测图

（3）行驶质量。使用激光平整度测试仪进行路面平整度检测，根据平整度计算路面行驶质量指数 RQI，结果如表 5.37 所示。由 RQI 统计数据可知：RQI 评价为优的占 57%，RQI 评价为良的占 38%，RQI 评价为中的占 5%。路面下行线行驶质量优于上行线。

表 5.37　路面行驶质量评价结果

序号	起止桩号	长度/km	上行线行驶质量（RQI）评价		下行线行驶质量（RQI）评价	
			行驶质量指数（RQI）	RQI评价	行驶质量指数（RQI）	RQI评价
1	K830+000 ～ K831+000	1.0	88	良	90	优
2	K831+000 ～ K832+000	1.0	84	良	90	优
3	K832+000 ～ K833+000	1.0	90	优	92	优
4	K833+000 ～ K834+000	1.0	88	良	90	优
5	K834+000 ～ K835+000	1.0	76	中	90	优
6	K835+000 ～ K836+000	1.0	87	良	91	优

续　表

序号	起止桩号	长度/km	上行线行驶质量（RQI）评价		下行线行驶质量（RQI）评价	
			行驶质量指数（RQI）	RQI评价	行驶质量指数（RQI）	RQI评价
7	K836+000 ～ K837+000	1.0	86	良	93	优
8	K837+000 ～ K838+000	1.0	89	良	92	优
9	K838+000 ～ K839+000	1.0	90	优	92	优
10	K839+000 ～ K840+000	1.0	83	良	91	优
11	K840+000 ～ K841+000	1.0	79	中	93	优
12	K841+000 ～ K842+000	1.0	89	良	91	优
13	K842+000 ～ K843+000	1.0	87	良	91	优
14	K843+000 ～ K844+000	1.0	85	良	94	优
15	K844+000 ～ K845+000	1.0	86	良	90	优
16	K845+000 ～ K846+000	1.0	91	优	92	优
17	K846+000 ～ K847+000	1.0	91	优	93	优
18	K847+000 ～ K848+000	1.0	88	良	94	优
19	K848+000 ～ K849+000	1.0	85	良	92	优
20	K849+000 ～ K850+000	1.0	89	良	92	优
21	K850+000 ～ K850+255	0.255	83	良	81	良

（4）路面抗滑能力。采用摆式仪检测路面抗滑能力，如图 5.20 所示，检测指标应为横向力系数 SFC，相关系数不应小于 0.95，每 10 m 应计算 1 个统计值。根据 SFC 计算路面抗滑性能指数 SRI。评价标准如表 5.38 所示，评价结果如表 5.39 所示。由结果可知：优级路段占 48%，良级路段占 40%，中级路段占 10%，差级路段占 2%。从统计数据中可以看出该项目路面整体抗滑能力离散性较大，通过现场调查发现，修补位置路面抗滑能力较好，未修补位置路面抗滑能力相对较差。

图 5.20　摆式仪测定路面抗滑性能

表 5.38　路面抗滑能力评价标准

评价指标	优	良	中	次	差
SRI	≥ 90	≥ 80，< 90	≥ 70，< 80	≥ 60，< 70	< 60

表 5.39　路面抗滑能力评价结果

序　号	桩　号	上行线抗滑能力评价		下行线抗滑能力评价	
		SRI	评价	SRI	评价
1	K830+000	92	优	80	良
2	K831+000	65	中	80	良
3	K832+000	80	良	80	良
4	K833+000	92	优	92	优
5	K834+000	92	优	80	良
6	K835+000	92	优	65	中
7	K836+000	92	优	65	中
8	K837+000	92	优	80	良
9	K838+000	80	良	80	良

续　表

序　号	桩　号	上行线抗滑能力评价		下行线抗滑能力评价	
		SRI	评价	SRI	评价
10	K839+000	80	良	80	良
11	K840+000	92	优	80	良
12	K841+000	92	优	80	良
13	K842+000	92	优	92	优
14	K843+000	92	优	80	良
15	K844+000	92	优	92	优
16	K845+000	92	优	80	良
17	K846+000	92	优	92	优
18	K847+000	92	优	80	良
19	K848+000	92	优	80	良
20	K849+000	92	优	30	差
21	K850+000	80	良	65	中

（5）路面结构强度。采用 FWD 落锤式弯沉仪测试弯沉，测点间距为 100 m，进行温度与季节修正后检测结果如表 5.40 所示，通过式（5.10）换算为贝克曼梁弯沉。

$$L=0.213\ 1 \times l_1 - 8.137\ 7 \qquad （5.10）$$

式中　L 为贝克曼梁弯沉值（0.01 m）；

　　　l_1 为落锤式弯沉仪所测得的弯沉值（0.001 mm）。

计算可得路面结构强度指数 PSSI，结果如表 5.41 所示。由结果可知：上、下行线路面结构强度指数评价均为优级，路面实测弯沉值均小于 15。由于该工程利用原老路水泥板作为路面结构底基层，路面结构层承载能力较好。

表 5.40　路表动态弯沉检测结果

评定路段	上行线		下行线	
	l_d	l_0	l_d	l_0
K830+000 ～ K831+000	24.3	9.8	24.3	5.7
K831+000 ～ K832+000	24.3	7.6	24.3	5.4
K832+000 ～ K833+000	24.3	13.3	24.3	7.1
K833+000 ～ K834+000	24.3	8.1	24.3	5.4
K834+000 ～ K835+000	24.3	7.8	24.3	4.6
K835+000 ～ K836+000	24.3	9.2	24.3	5.4
K836+000 ～ K837+000	24.3	7.8	24.3	5.0
K837+000 ～ K838+000	24.3	5.8	24.3	7.4
K838+000 ～ K839+000	24.3	6.3	24.3	5.1
K839+000 ～ K840+000	24.3	8.5	24.3	5.5
K840+000 ～ K841+000	24.3	10.8	24.3	8.2
K841+000 ～ K842+000	24.3	6.0	24.3	7.0
K842+000 ～ K843+000	24.3	4.6	24.3	5.2
K843+000 ～ K844+000	24.3	7.0	24.3	6.6
K844+000 ～ K845+000	24.3	6.1	24.3	6.6
K845+000 ～ K846+000	24.3	6.4	24.3	9.2
K846+000 ～ K847+000	24.3	4.6	24.3	8.4
K847+000 ～ K848+000	24.3	6.0	24.3	5.8
K848+000 ～ K849+000	24.3	6.6	24.3	8.4
K849+000 ～ K850+000	24.3	6.9	24.3	8.6
K850+000 ～ K850+255	24.3	11.4	24.3	4.9

表 5.41　路面强度指数评价结果

评定路段	上行线		下行线	
	PSSI	等级	PSSI	等级
K830+000 ～ K831+000	100	优	100	优
K831+000 ～ K832+000	100	优	100	优
K832+000 ～ K833+000	100	优	100	优
K833+000 ～ K834+000	100	优	100	优
K834+000 ～ K835+000	100	优	100	优
K835+000 ～ K836+000	100	优	100	优
K836+000 ～ K837+000	100	优	100	优
K837+000 ～ K838+000	100	优	100	优
K838+000 ～ K839+000	100	优	100	优
K839+000 ～ K840+000	100	优	100	优
K840+000 ～ K841+000	100	优	100	优
K841+000 ～ K842+000	100	优	100	优
K842+000 ～ K843+000	100	优	100	优
K843+000 ～ K844+000	100	优	100	优
K844+000 ～ K845+000	100	优	100	优
K845+000 ～ K846+000	100	优	100	优
K846+000 ～ K847+000	100	优	100	优
K847+000 ～ K848+000	100	优	100	优
K848+000 ～ K849+000	100	优	100	优
K849+000 ～ K850+000	100	优	100	优
K850+000 ～ K850+255	100	优	100	优

2. 生产路与试验路处治方案

通过旧路路面病害调查与分析发现，旧水泥路面反射裂缝是造成沥青路面裂缝、冒浆的主要因素，为了消除上述路面病害，须对旧路水泥板进行彻底处理。通过对不同方案进行技术经济比较，建设单位最终采用的处治方案如下。

（1）旧路处治。铣刨 11 cm 沥青面层和 18 cm 水泥稳定碎石基层，破碎挖除 24 cm 旧路水泥板及其他材料，老路下挖总深度为 53 cm。

（2）旧路挖除后，再铺筑路面结构层，具体如表 5.42 所示。

表 5.42　路面结构

层　位	生产路	试验路
上面层	4 cm SMA-13（改性沥青、玄武岩）	
下面层	8 cm Sup-20 厂拌热再生混合料（改性沥青，利用部分铣刨的老化沥青混合料 RAP）	
封　层	SBS 改性乳化沥青	
基　层	18 cm 水泥稳定碎石（抗裂嵌挤型）	18 cm 水泥稳定再生集料
底基层	16 cm 厂拌再生水泥稳定碎石（利用部分铣刨的旧水泥稳定碎石）	
调平层	8 cm 厂拌再生水泥稳定碎石（利用部分铣刨的旧水泥稳定碎石）	

3. 再生集料制备及性能

采用液压式开凿机破碎旧水泥混凝土路面，破碎成 40～60 cm 板块，然后采用自卸汽车运输至路面碎石破碎厂，如图 5.21 所示。

图 5.21　旧水泥路面破碎

将旧水泥路面破碎块运输至路面碎石破碎厂进行破碎分级，该厂生产线采用二级破碎工艺（颚破 + 反击破），经分级后得到 0 ～ 4.75 mm、4.75 ～ 9.5 mm、9.5 ～ 19 mm、19 ～ 26.5 mm 和 26.5 ～ 31.5 mm 五种规格集料，如图 5.23 所示。

图 5.22　再生集料生产与分级

对再生集料进行性能检测，检测结果如表 5.43 至表 5.45 所示。由结果可知，再生集料满足公路基层的性能要求。

4. 配合比设计

试验用原材料技术性质描述如下。

（1）水泥。采用中联 42.5 普通硅酸盐水泥，技术指标如表 5.43 所示。

表 5.43　水泥技术性质

项　目	标稠用水量 /mL	安定性 /mm	3 d 抗压强度 /Mpa	3 d 抗折强度 /Mpa	凝结时间	
					初凝 /min	终凝 /min
实测值	28.2	1.0	22.6	5.1	241	311

（2）再生粗集料。再生粗集料有 4.75 ～ 9.5 mm（4# 料）、9.5 ～ 19 mm（3# 料）、19 ～ 26.5 mm（2# 料）和 26.5 ～ 31.5 mm（1# 料）四种规格。其主要技术性质如表 5.44 所示。

表 5.44　再生粗集料技术性质

实测项目	规格				技术要求
	1# 料	2# 料	3# 料	4# 料	
表观密度 /（t·m^{-3}）	2.618	2.642	2.671	2.685	≥ 2.6

实测项目	规格				技术要求
	1# 料	2# 料	3# 料	4# 料	
吸水率 / %	4.1	4.1	4.9	5.6	
压碎值 / %	/	/	27.5	/	≤ 30
针片状 / %	10.0	14.0	16.1	/	≤ 15
高温失水率 / %	2.0	1.9	2.5	2.7	

注：高温失水质量的测定方法如下：先将再生集料置于室内或阳光下风干，然后放入 105 ℃烘箱中加热 4 h 测其结合水的含量。该结果用于击实试验的含水量修正。

（3）再生细集料。再生细集料粒径为 0 ～ 4.75 mm（5# 料），主要技术指标如表 5.45 所示。

表 5.45　细集料技术性质

项　目	表观密度	砂当量	高温失水率
实测值	2.60 g/cm³	65.5%	4.5%

矿质混合料设计过程如下：

根据筛分结果确定级配，如表 5.46 和图 5.23 所示，即矿料组成为 1# : 2# : 3# : 4# : 5#=5 : 32 : 23 : 10 : 30。

表 5.46　水泥稳定再生集料矿料级配设计

材料规格		质量百分比 / %	通过下列筛孔尺寸（mm）的质量百分率 / %							
			37.5	31.5	19.0	9.5	4.75	2.36	0.6	0.075
原材料级配	1# 料	100	100	50.5	0.0	0.0	0.0	0.0	0.0	0.0
	2# 料	100	100	100	42.7	0.0	0.0	0.0	0.0	0.0

续　表

材料规格		质量百分比/%	通过下列筛孔尺寸（mm）的质量百分率/%							
			37.5	31.5	19.0	9.5	4.75	2.36	0.6	0.075
原材料级配	3# 料	100	100	100	100	32.0	0.0	0.0	0.0	0.0
	4# 料	100	100	100	100	100	35.0	0.0	0.0	0.0
	5# 料	100	100	100	100	100	91.6	78.0	34.5	7.8
各矿料在混合料中的级配	1# 料	5	5.0	2.5	0	0	0	0	0	0
	2# 料	32	32.0	32.0	13.7	0	0	0	0	0
	3# 料	23	23.0	23.0	23.0	7.4	0	0	0	0
	4# 料	10	10.0	10.0	10.0	10.0	3.5	0	0	0
	5# 料	30	30.0	30.0	30.0	30.0	27.5	23.4	10.3	2.3
合成级配			100.0	97.5	76.7	47.4	31.0	23.4	10.3	2.3
级配上限			100	100.0	86.0	58.0	32.0	28.0	15.0	3.0
级配中值			100	100.0	77.0	48.0	27.0	22.0	11.5	1.5
级配下限			100	100	68	38	22	16	8	0

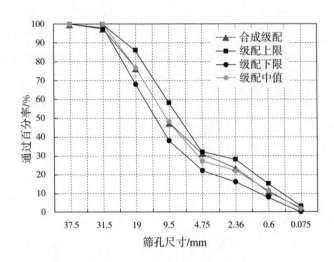

图 5.23　矿料合成级配曲线

最大干密度和最佳含水量的确定：

按照《公路工程无机结合料稳定材料试验规程》（JTG E51—2009）中的重型击实法（丙法）进行试验，材料在风干后进行，试验过程中混合料闷料 2 h。试验结果如表 5.47 和图 5.24 所示。

表 5.47　击实试验结果

水泥：碎石	初始外加含水量 /%	混合料烘干实测含水量 /%	实际含水量 /%	平均湿密度 / (g·cm⁻³)	平均干密度 / (g·cm⁻³)
4.0：100	5.0	9.2	6.2	2.153	2.027
	6.0	9.8	6.8	2.190	2.051
	7.0	10.5	7.5	2.228	2.073
	8.0	11.8	8.8	2.250	2.069
	9.0	12.1	9.1	2.021	1.853
4.5：100	5.0	8.8	5.8	2.149	2.031
	6.0	9.4	6.4	2.185	2.054
	7.0	10.3	7.3	2.224	2.073
	8.0	11.4	8.4	2.237	2.065
5.0：100	6.0	9.6	6.6	2.155	2.021
	7.0	10.7	7.7	2.206	2.047

续　表

水泥：碎石	初始外加含水量 /%	混合料烘干实测含水量 /%	实际含水量 /%	平均湿密度 /（g·cm⁻³）	平均干密度 /（g·cm⁻³）
5.0：100	8.0	11.0	8.0	2.248	2.082
	9.0	12.3	9.3	2.256	2.063
5.5：100	6.0	9.6	6.6	2.174	2.039
	7.0	10.5	7.5	2.203	2.049
	8.0	11.5	8.5	2.273	2.095
	9.0	12.6	9.6	2.251	2.054

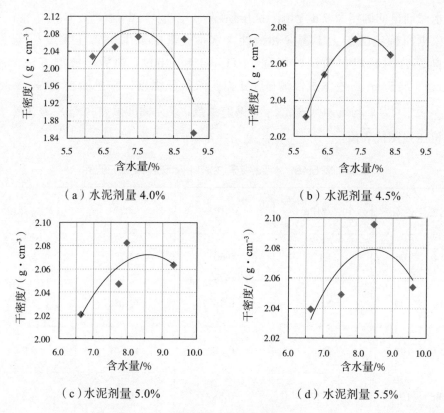

（a）水泥剂量 4.0%　　　　　　　（b）水泥剂量 4.5%

（c）水泥剂量 5.0%　　　　　　　（d）水泥剂量 5.5%

图 5.24　击实曲线

　　根据上述击实试验结果，可以确定水泥稳定再生集料的最大干密度与最佳含水量，结果如表 5.48 所示。

表 5.48　水泥稳定再生集料最大干密度和最佳含水量

水泥：碎石	最佳含水量 / %	最大干密度 / (g·cm⁻³)
4.0 ： 100	7.5	2.073
4.5 ： 100	7.5	2.073
5.0 ： 100	8.0	2.082
5.5 ： 100	8.5	2.095

水泥剂量的确定及 7 d 无侧限抗压强度：

根据所确定的最大干密度和最佳含水量，基层采用 98% 压实度，《公路工程无机结合料稳定材料试验规程》(JTG E51—2009) 中静压成型方法，制备 $\Phi15\ \text{cm} \times h15\ \text{cm}$ 圆柱体试件测试 7 d 无侧限抗压强度，结果如表 5.49、图 5.25 所示。表中 $\overline{R}$ 为平均抗压强度，C_V 为偏差系数，S 为标准偏差，$R_{c0.95}$ 为 95% 保证率的抗压强度代表值。

表 5.49　水泥稳定再生集料 7d 无侧限抗压强度

水泥：碎石	$\overline{R}$ /MPa	S/MPa	C_V	$R_{c0.95}$ /MPa
4.0 ： 100	4.12	0.60	14.7%	3.13
4.5 ： 100	4.63	0.56	12.0%	3.72
5.0 ： 100	4.98	0.58	11.7%	4.03
5.5 ： 100	5.29	0.58	10.9%	4.34

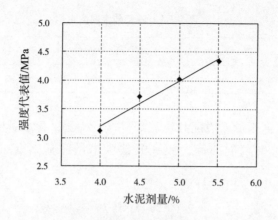

图 5.25　强度代表值曲线

混合料配合比的确定：

基层水泥剂量为 5.5% 时，试件的 7 d 无侧限抗压强度代表值 $R_{c0.95}$=3.7 MPa，满足规范要求。水泥稳定再生集料基层配合比设计结果如表 5.50 所示。

施工过程中，应根据原材料筛分结果随时调整基层混合料中各档集料的比例，以保证合成级配在设计级配范围内，并尽量接近中值。但各档集料微调不得超过 3%，否则应重新进行配合比设计。

表 5.50　水泥稳定再生集料基层配合比设计结果

各规格集料比例					水泥剂量	最佳含水量	最大干密度	7 d 无侧限抗压强度代表值
26.5 ～ 31.5 mm（1# 料）	19 ～ 26.5 mm（2# 料）	9.5 ～ 19 mm（3# 料）	4.75 ～ 9.5 mm（4# 料）	0 ～ 4.75 mm（5# 料）				
5%	32%	23%	10%	30%	4.5%	7.5%	2.073/(g·cm^{-3})	3.7/MPa

5. 试验路铺筑及检测

（1）拌和工艺。拌和工艺采用 WBT600 型设备拌和。拌和前，先调试和标定所用设备，确保配合比符合设计要求，再检查集料的含水量，确定施工配合比。按温度变化及时调整含水量，保持现场摊铺碾压含水量接近最佳含水量。出料时，检查配合比是否符合设计要求。施工过程中按规定频率抽检配合比情况。

拌和前对再生集料含水量进行测试，结果如表 5.51 所示。

表 5.51　拌和前集料含水量

粒径 /mm	0 ~ 4.75	4.75 ~ 9.5	9.5 ~ 19	19 ~ 26.5	26.5 ~ 37.5
含水量	10.8%	8.2%	5.1%	3.9%	4.1%

拌和过程中对含水量、级配与水泥剂量进行检测，含水量检测结果如表 5.52 所示。考虑到摊铺时气温较高，故在最佳含水量的基础上对含水量做了一定调整。

表 5.52　混合料含水量测试结果

	测试含水量	修正含水量	外加含水量
样品 1	11.8%	3.0%	8.8%
样品 2	11.6%	3.0%	8.6%
设计外加含水量			7.5%

表 5.53 为混合料筛分结果。由结果可知，实际拌和混合料的级配比设计通过率较大，其原因除了拌和控制出现偏差，还与再生集料的二次破碎有关。再生粗集料是由天然集料与水泥浆共同组成的，在拌和过程中由于水泥浆强度较低，易发生二次破碎，一块再生粗集料可能会分为 2 个或多个，导致级配偏小，筛孔尺寸越大，偏差值也就越大。

表 5.53　混合料筛分结果

级配来源	通过下列筛孔尺寸的质量百分率							
	37.5 mm	31.5 mm	19 mm	9.5 mm	4.75 mm	2.36 mm	0.6 mm	0.075 mm
样品 1	100%	100%	81.0%	50.4%	34.4%	26.7%	12.1%	2.9%
样品 2	100%	100%	79.5%	49.7%	33.5%	25.9%	12.7%	3.1%
设计级配	100.0%	97.5%	76.7%	47.4%	31.0%	23.4%	10.3%	2.3%

对两个样品进行了水泥剂量的滴定试验，两次 EDTA 消耗量分别为 15.9 mL 与 16.8 mL，根据表 5.54 中的标准滴定结果，计算可得水泥剂量分别为 5.3% 与 5.8%，均值为 5.5%，与设计值一致。

表 5.54　水泥剂量标准滴定结果

水泥剂量	0.0%	3.5%	4.0%	4.5%	5.0%	5.5%	6.0%
EDTA 消耗量 /mL	7.3	14.3	15.1	16.2	17.3	18.1	19.2

（2）运输工艺。搅拌机出料不允许采取自由跌落式落地成堆和装载机装料运输的方式。一定要配备带活门漏斗的料仓，由漏斗出料直接装车运输。装车时车辆应前后移动，分三次装料，减少粗细集料离析，如图 5.26 所示。

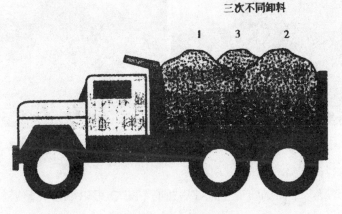

图 5.26　三次装料法

装料前将车厢清洗干净。应尽快将拌成的混合料运送到铺筑现场。运输时应加盖篷布，防止水分散失过快。

（3）摊铺工艺。摊铺前采用自动喷洒机喷洒水泥浆，保证下承层表面湿润，且有一定的水泥浆裹覆。

使用两台摊铺机摊铺，外侧摊铺机在前、内侧在后。摊铺速度为 2.0 ～ 3.0 m/min。在摊铺机后面设专人消除粗细集料离析现象，特别应该铲除局部粗集料"窝"，并用新拌混合料填补。

（4）压实工艺。压实设备为 2 台单钢轮压路机（20 t）和两台胶轮压路机（30 t）。

初压：采用单钢轮压路机压实，碾压速度为 1.5 ～ 1.7 km/h，碾压遍数为 2 ～ 3 遍，碾压方式为静压。

复压：采用单钢轮压路机压实，碾压速度为 1.8 ～ 2.2 km/h，强振 2 遍、弱振 2 遍。

终压：采用胶轮压路机碾压，以弥合表面微裂纹、松散，消除轮迹为停压标准。

压实过程中，对压实度进行检测，使其满足98%的要求。

（5）养生工艺。路段碾压完成以后应立即进行压实度检查，如图5.27所示，同时采用湿润的土工布严密覆盖养生，如图5.28所示。用8 t以下洒水车洒水养生，洒水车要用喷雾式喷头。

图5.27　压实度检测　　　　　　　　图5.28　土工膜养生

强度检测与钻芯情况。

①钻芯情况。路面铺筑养生7 d后进行钻芯，可以取出完整芯样，如图5.29所示。

图5.29　路面芯样

②强度检测。铺筑过程中取料成型试件测试无侧限抗压强度，结果如表5.55所示。

表 5.55　铺筑中取材成型试件无侧限抗压强度测试结果

试件序号	轴向荷载 P/kN	强度值 /MPa
1	85	4.81
2	91	5.15
3	83	4.70
4	70	3.96
5	74	4.19
6	80	4.53
7	70	3.96
8	76	4.30
9	72	4.07
平均值		4.41
偏差系数		9.4
标准差		0.42
代表值		3.72

6. 社会经济效益评价

（1）经济效益评价。以双向四车道公路为例，假定水泥路面宽 21 m，水泥混凝土面板厚 24 cm，则每千米废弃混凝土约 5 000 m³。旧水泥路面再生利用每千米所产生的直接经济效益估算如下：

①节约费用。

a. 节省集料费用。密实混凝土 5 000 m³，破碎后再生集料约为 8 000 m³，以市场价 100 元 / m³ 计算，节省集料费用约 80 万元。

b. 节约废旧料填埋处置费。节省填埋所需机械费及人工费：埋置 5 000 m³ 的废弃混凝土；挖掘机租赁单价为 5 ～ 6 元 / m³，则所需挖掘机租赁费约 3 万元。

c. 节省埋置废弃混凝土的土地及土地征用费：密实混凝土 5 000 m³，破碎后废弃混凝土块 6 000 m³，以填埋深度 2 m 计算，填埋 6 000 m³ 混凝土占地面积约 3 000 平方米（约 4.5 亩），节省征地费用约 27 万元。

d. 节约环境治理费，包括掩埋、防渗、还林（草、耕）等方面的费用，约 15 万元。

e. 节省废旧混凝土外运费用。6 000 m³ 的废弃混凝土，堆积密度约为

1 280 kg/m³，累计约 7 680 t，假设运距为 10 km，运输单价为每千米 1.5 元 / t，则节约运输费用为 11.5 万元。

②增加费用。

a.增加将废弃混凝土运输至碎石破碎场的运输费用。若运距相同，则将废弃混凝土运输至碎石破碎场的运输费用与废旧混凝土外运费用相同。

b.增加废弃混凝土破碎费用。密实混凝土 5 000 m³，破碎生成再生集料约 8 000 m³。破碎成再生集料的费用约为 25 元 /m³，则破碎 1 km 的废弃混凝土增加费用约 20 万元。

综上，1 km 双向四车道公路水泥路面再生利用，产生的直接经济效益约 80+27+3+15+11.5−11.5−20=105 万元。

（2）社会环境效益评价。旧水泥路面再生集料可用于重新铺筑路面，也可以用于其他工程，以最大限度地发挥旧路面材料的资源价值，减小天然石料开挖和废料堆放占用土地，其社会效益体现在以下几个方面：

①节约土石方资源。该技术可充分利用废旧路面材料，从而节省大量的优质天然石料。对一千米的双向四车道公路水泥路面材料进行再生利用，可节约集料约 8 000 m³。

②节约废料堆放土地。随着经济的发展和城镇化的推进，土地资源日趋紧张，土地供需矛盾日益严峻。对一千米的双向四车道公路水泥路面，需要堆放废弃混凝土约 6000 m³，占地面积约 3 000 m³。

③保护环境。通过对旧水泥路面材料的再生利用，减少了废旧材料对堆放场地周边造成的环境污染；旧水泥混凝土堆放场地周边的土地不能进行耕种，经雨水冲刷，渗透到地下，对地下水也造成了严重的污染，通过再生利用，可以减少其对周边环境造成的污染，这个作用是无法用金钱来估量的，因此对旧水泥路面材料进行再生利用具有很大的经济效益和社会效益。

由此可见，旧水泥路面材料的再生利用，减少了废弃料对环境的污染，尤其是对地表水和地下水的污染，节约了大量的土地，避免了石料过度开采造成的环境破坏，同时经济效益显著。这对保护生态环境、促进我国公路建设可持续发展具有重要的意义，完全适合大规模推广应用。

参考文献

[1] 丁亚红, 郭书奇, 张向冈, 等. 玄武岩纤维对再生混凝土抗碳化性能的影响 [J]. 复合材料学报, 2022, 39(3): 1228–1238.

[2] SHAHAN, W M, YANG J, SU H L, et al. Quality improvement techniques for recycled concrete aggregate: A review[J]. Journal of Advanced Concrete Technology, 2019, 17(4): 151–167.

[3] 徐平, 张敏霞. 我国建筑垃圾再生资源化分析 [J]. 能源环境保护, 2009(1): 24–26.

[4] 柴乃杰, 陶李培, 李翔. 基于改进集对分析的混凝土再生粗骨料质量评价方法 [J]. 长江科学院院报, 2020, 37(10): 149–155.

[5] SAVVA P, IOANNOU S, OIKONOMOPOULOU K, et al. A mechanical treatment method for recycled aggregates and tts effect on recycled aggregate–based concrete[J]. Materials(Basel), 2021, 14(9): 2186.

[6] 王健, 李懿. 建筑垃圾的处理及再生利用研究 [J]. 环境工程, 2003, 21(6): 49–52.

[7] MAJHI R K, NAYAK A N. Production of sustainable concrete utilising high–volume blast furnace slag and recycled aggregate with lime activator[J]. Journal of Cleaner Production, 2020, 255: 120–188.

[8] 刘婷, 刘京红, 张仕桦, 等. 粉煤灰掺量和再生骨料替代率对再生混凝土强度影响研究 [J]. 河北农业大学学报, 2020, 43(1): 148–152.

[9] 庞永师, 杨丽. 建筑垃圾资源化处理对策研究 [J]. 建筑科学, 2006, 22(1): 77–79.

[10] 杨军彩. 废弃黏土砖再生骨料对灌浆料性能的影响 [J]. 混凝土, 2020(4): 138–140.

[11] 王罗春, 赵由才. 建筑垃圾处理与资源化 [M]. 北京: 化学工业出版社, 2004.

[12] 中华人民共和国住房和城乡建设部. 再生骨料应用技术规程: JGJ/T 240–2011[S]. 北京: 中国建筑工业出版社, 2011.

[13] 孙嘉卿, 丛干文, 刘君实, 等. 再生骨料生态混凝土预测模型抗压强度试验研究 [J]. 建筑结构学报, 2020(A1): 381-389.

[14] FELEKOGLU B, SARIKAHYA H. Effect of chemical structure of polycarboxylate-based superplasticizers on workability retention of self-compacting concrete[J]. Construction and Building Materials, 2008, 22（9）: 1972-1980.

[15] TEIJÓN-LÓPEZ-ZUAZO E , VEGA-ZAMANILLO Á, CALZADA-PÉREZ M Á, et al. Use of recycled aggregates made from construction and demolition waste in sustainable road base layers[J]. Sustainability, 2020, 12(16): 6663.

[16] MENG T, ZHANG J, WEI H D, et al. Effect of nano-strengthening on the properties and microstructure of recycled concrete[J]. Nanotechnology Reviews, 2020, 9(1): 79-92.

[17] 屈志中. 钢筋混凝土破坏及其利用技术的新动向 [J]. 建筑技术, 2001(2): 102-105.

[18] 李曙龙, 吴晚良, 万暑, 等. 碱激发粉煤灰水泥稳定再生集料性能的研究 [J]. 公路工程, 2020, 45 (5): 197-202, 233.

[19] 王和源, 谢胜寅, 罗国宪. 台湾再生骨材处理及应用于混凝土之研究 [C]// 王培铭, 黄兆龙. 新世纪海峡两岸高性能混凝土研究与应用学术会议论文集. 上海: 同济大学出版社, 2002: 86-91

[20] 肖建庄, 孙振平, 李佳彬, 等. 废弃混凝土破碎及再生工艺研究 [J]. 建筑技术, 2005, 36(2): 141-144.

[21] ZITOUNI K, DJERBI A, MEBROUKI A. Study on the microstructure of the new paste of recycled aggregate self-compacting concrete[J]. Materials, 2020, 13(9):2114.

[22] 李惠强, 杜婷, 吴贤国. 建筑垃圾资源化循环再生骨料混凝土研究 [J]. 华中科技大学学报 (自然科学版), 2001, 29(6): 83-85.

[23] 尹志刚, 张恺, 赵越. 基于孔结构特征的再生骨料透水混凝土抗冻耐久性试验 [J]. 硅酸盐通报, 2020, 39 (3): 756-761, 778.

[24] 李秋义, 杨春, 秦原, 等. 再生混凝土的生产与应用 [J]. 动感 (生态城市与绿色建筑), 2012(1): 109-112.

[25] 张璐, 李海洲, 任皎龙. 100% 再生黏土砖骨料混凝土抗压强度的试验研究 [J]. 混凝土, 2020(11): 79-82, 88.

[26] LIANG X, YAN F, CHEN Y L, et al. study on the strength performance of recycled aggregate concrete with different ages under direct shearing[J]. Materials,2021, 14(9), 2312.

[27] 顾荣军，耿欧，袁江，等．再生骨料的生产技术研究 [J]．混凝土与水泥制品，2012(1): 16–18.

[28] DOSHO Y. Effect of mineral admixtures on the performance of low–quality recycled aggregate concrete[J]. Crystals, 2021, 11(6): 596.

[29] 李秋义，李云霞，朱崇绩，等．再生混凝土骨料强化技术研究 [J]．混凝土，2006(1): 74–77.

[30] 王耀，纵岗，付佳佳，等．再生骨料取代率及老砂浆强度对混凝土细观性能的影响 [J]．混凝土，2020(5): 64–68.

[31] 吴建超，程宇东，钟彤，等．建筑垃圾再生骨料强化研究综述 [J]．环境卫生工程，2022, 30(2): 53–56.

[32] RANGEL C S, AMARIO M, PEPE M, et al. Influence of wetting and drying cycles on physical and mechanical behavior of recycled aggregate concrete[J]. Materials(Basel, Switzerland), 2020, 13(24): 5675.

[33] KATZ A. Treatments for the improvement of recycled aggregate[J]. Journal of Materials in Civil Engineering[J].2005, 16(6): 597–603.

[34] YANG S, LEE H. Drying shrinkage and rapid chloride penetration resistance of recycled aggregate concretes using cement paste dissociation agent[J]. Materials, 2021, 14(6): 1478.

[35] XIAO J Z. Research advance of material and structure of recycled cement concrete[J]. World Science, 2006(12): 29–33.

[36] 王国林，祁尚远，李聚义，等．再生粗骨料混凝土力学性能试验研究 [J]．混凝土，2020(3): 168–171, 176.

[37] CHENG H. Experimental study of recycled concrete aggregate reinforced by water glass [J]. New Building Materials, 2004, 12:12–14.

[38] 邹燕，曹大富．再生骨料在混凝土中的应用研究 [J]．新型建筑材料，2020, 47(4): 31–33, 38.

[39] WANG S, ZHU B. Influence of nano–SiO$_2$ on the mechanical properties of recycled aggregate concrete with and without polyvinyl alcohol (PVA) fiber[J]. Materials, 2021, 14(6): 1446.

[40] MENG T, WEI H, YANG X, et al. Effect of mixed recycled aggregate on the mechanical strength and microstructure of concrete under different water cement ratios[J]. Materials, 2021, 14(10): 2631.

[41] ZHU J W S, ZHONG J, et al. Investigation of asphalt mixture containing demolition waste obtained from earthquake–damaged buildings[J]. Construction and Building Materials, 2012, 29(3): 466–475.

[42] 刘清, 韩风霞, 于广明, 等. 再生粗骨料自密实混凝土基本力学性能 [J]. 建筑材料学报, 2020, 23 (5): 1053–1060.

[43] MILLS–BEALE J, YOU Z. The mechanical properties of asphalt mixtures with recycled concrete aggregates [J]. Construction and Building Materials, 2010, 24(3): 230–235.

[44] ZHANG S, HE P, NIU L. Mechanical properties and permeability of fiber–reinforced concrete with recycled aggregate made from waste clay brick[J]. Journal of Cleaner Production, 2020, 268: 121690.

[45] PARANAVIHANA S, MOHAJERANI A. Effects of recycled concrete aggregates on properties of asphalt concrete [J]. Resources, Conservation and Recycling, 2006, 48(1): 1–12.

[46] 马昆林, 黄新宇, 胡明文, 等. 砖混再生粗骨料混凝土力学性能及工程应用研究 [J]. 硅酸盐通报, 2020, 39(8): 2600–2607.

[47] WONG Y D, SUN D D, LAI D. Value–added utilisation of recycled concrete in hot–mix asphalt [J]. Waste Management,(New York) 2007, 27(2): 294–301.

[48] BENEDICTO J A P, MERINO M D R, JULIAN P L L, et al. Influence of recycled aggregate quality from precast rejection on mechanical properties of self–compacting concerte [J]. Dyna, 2021, 96(4): 407–414.

[49] SHEN D H, DU J C. Evaluation of building materials recycling on HMA permanent deformation [J]. Construction and Building Materials, 2004, 18(6): 391–397.

[50] 姜涛, 赵景锋, 李明明, 等. 再生骨料自密实清水混凝土配合比优化及表观性能试验研究 [J]. 硅酸盐通报, 2020, 39(8): 2581–2586.

[51] SHEN D H, DU J C. Application of gray relational analysis to evaluate HMA with reclaimed building materials [J]. Journal of Materials in Civil Engineering, 2005, 17(4): 400–406.

[52] MARTÍNEZ–GARCÍA R, JAGADESH P, FRAILE–FERNÁNDEZ F J, et al. Materials influence of design parameters on fresh properties of self–compacting concrete with recycled aggregate–A review[J]. Materials, 2020, 13(24): 5749.

[53] ALJASSAR A H, AL–FADALA K B, ALI M A. Recycling building demolition waste

in hot–mix asphalt concrete: a case study in Kuwait [J]. Journal of Material Cycles and Waste Management, 2005, 7(2): 112–115.

[54] 韩风霞，刘清，崔晶波，等 . 不同取代率再生粗骨料自密实混凝土的抗冻性能试验 [J]. 混凝土，2020(10): 131–134, 137.

[55] PÉREZ I, PASANDIN A R, MEDINA L. Hot mix asphalt using C&D waste as coarse aggregates [J]. Materials & Design, 2012, 36: 840–846.

[56] Upshaw M, CAI C. Critical review of recycled aggregate concrete properties, improvements, and numerical models[J]. Journal of Materials in Civil Engineering, 2020, 32(11): 03120005.

[57] HU L, SHA A. Performance test of cement stabilized crushed clay brick for road base material[J]. China Journal of Highway and Transport, 2012, 25(3): 73–79, 86.

[58] DU Y, ZHAO Z, XIAO Q, et al. Experimental study on the mechanical properties and compression size effect of recycled aggregate concrete[J]. Materials, 2021, 14(9): 2323.

[59] 杨医博，苏延，李之吉，等 . 废弃混凝土制全再生细骨料中试工艺研究 [J]. 混凝土，2020(10): 80–84.

[60] ZHU J, WU S, ZHONG J, et al. Influence of demolition waste used as recycled aggregate on performance of asphalt mixture[J]. Road Materials and Pavement Design, 2013, 14(3): 479–488.

[61] 郝彤，候保星，冷发光，等 . 不同类别再生混凝土抗冻性能的试验研究 [J]. 混凝土，2020(4): 60–63.

[62] ZHANG T. Application of modified recycled aggregate in asphalt mixture[D]. Wuhan: Wuhan University of Technology, 2010.

[63] RAFIQUE U, ALI A, RAZA A. Structural behavior of GFRP reinforced recycled aggregate concrete columns with polyvinyl alcohol and polypropylene fibers[J]. Advances in Structural Engineering, 2021, 24(13): 3043–3056.

[64] RAZA A, RASHEDI M A, RAFIQUE U, et al. On the structural performance of recycled aggregate concrete columns with glass fiber reinforced composite bars and hoops[J]. Polymers, 2021, 13(9): 1508.

[65] LI J, ZHOU H, CHEN W, et al. Mechanical properties of a new type recycled aggregate concrete interlocking hollow block masonry[J]. Sustainability, 2021, 13(2): 745.

[66] WANG Y, ZONG G, LIU J, et al. Modeling the failure pattern of prenotched recycled aggregate concrete using FEM on complementary energy principle[J]. Mathematical Problems in Engineering, 2021(3): 1–18.

[67] GE P, HUANG W, ZHANG H, et al. Study on calculation model for compressive strength of water saturated recycled aggregate concrete[J]. KSCE Journal of Civil Engineering, 2021, 26: 273–285.

[68] ORETO C, RUSSO F, VEROPALUMBO R, et al. Life cycle assessment of sustainable asphalt pavement solutions involving recycled aggregates and polymers[J]. Materials, 2021, 14(14): 3867.

[69] 范小春, 张雯静, 梁天福, 等. 回收轮胎钢纤维再生骨料混凝土基本力学性能试验研究 [J]. 硅酸盐通报, 2021, 40(7): 2231–2340.

[70] 程亚卓, 孟美丽. 碳化增强再生骨料对混凝土性能的影响 [J]. 新型建筑材料, 2021, 48(5): 57–60.

[71] 裴泳, 姜涛, 赵景锋, 等. 基于正交设计的低品质再生骨料自密实清水混凝土配合比设计 [J]. 施工技术, 2021, 50(14): 134–137.

[72] LIU J, REN F, QUAN H. Prediction model for compressive strength of porous concrete with low–grade recycled aggregate[J]. Materials(Basel), 2021, 14(14):3871.

[73] BABU V S, MULLICK A K, JAIN K K, et al. Strength and durability characteristics of high–strength concrete with recycled aggregate–influence of mixing techniques[J]. Journal of Sustainable Cement Based Materials, 2014, 3(2):88–110.

[74] 葛培, 黄炜, 权文立, 等. 混杂再生骨料混凝土抗压计算研究 [J]. 华中科技大学学报 (自然科学版), 2021, 49(5): 86–91.

[75] BU L, DU G, HOU Q. Prediction of the compressive strength of recycled aggregate concrete based on artificial neural network[J]. Materials(Basel, Switzerland), 2021, 14(14): 3921.

[76] 雷斌, 杨辅智, 吕源, 等. 大粒径再生粗骨料混凝土墩基础竖向受压性能 [J]. 建筑结构学报, 2021, 42(A1): 514–522.

[77] ZHAO Y, GOULIAS D, TEFA L, et al. Life cycle economic and environmental impacts of CDW recycled aggregates in roadway construction and rehabilitation[J]. Sustainability, 2021, 13(15): 8611.

[78] 念梦飞, 罗素蓉. 再生骨料取代率对再生混凝土弯曲疲劳性能的影响 [J]. 福州大学学报 (自然科学版), 2021, 49(1): 74–79.

[79] 卢予奇, 赵羽习, 孟涛, 等. 海洋既有建筑再生骨料及海洋再生混凝土的性能研究 [J]. 建筑结构学报, 2021, 42(A1): 456–465.

[80] MENG T, WEI H, YANG X, et al. Effect of mixed recycled aggregate on the mechanical strength and microstructure of concrete under different water cement ratios[J]. Materials, 2021, 14(10): 2631.

[81] SUNAYANA S, BARAI S V. Shear and serviceability reliability of recycled aggregate concrete beams[J]. ACI Structural Journal, 2021, 118(2): 225–236.

[82] ALBUQUERQUE A, PACHECO J N, BRITO J D. Eurocode design of recycled aggregate concrete for chloride environments: Stochastic modeling of chloride migration and reliability–based calibration of cover[J]. Crystals, 2021, 11(3): 284.

[83] DILBAS H, GÜNE M S. Mineral addition and mixing methods effect on recycled aggregate concrete[J]. Materials, 2021, 14(4): 907.

[84] BRAVO–GERMAN A M. Mechanical Properties of concrete using recycled aggregates obtained from old paving stones[J]. Sustainability, 2021, 13(6): 3044.

[85] 关博文, 吴佳育, 陈华鑫, 等. 再生骨料残余砂浆覆盖率测试及其对混凝土渗透性的影响 [J]. 中国公路学报, 2021, 34(10): 155–165.

[86] SHANG X, YANG J, WANG S, et al. Fractal analysis of 2D and 3D mesocracks in recycled aggregate concrete using X–ray computed tomography images[J]. Journal of Cleaner Production, 2021, 304: 127083.

[87] CANTERO B, BRAVO M, BRITO J D, et al. Water transport and shrinkage in concrete made with ground recycled concrete–additioned cement and mixed recycled aggregate[J]. Cement and Concrete Composites, 2021, 118: 103957.

[88] MENG T, YU S L, WEI H, et al. Effect of nanocomposite slurry on strength development of fully recycled aggregate concrete[J]. Advances in Structural Engineering, 2021, 24(10): 2176–2184.

[89] 张献蒙, 刘旭, 柏彬, 等. 利用砖混建筑废弃物制备再生混凝土的性能研究 [J]. 硅酸盐通报, 2021, 40(8): 2680–2686.

[90] 王芸芸, 寇长江, 胡皓天, 等. 基于数字图像技术的再生骨料沥青混合料骨架接触类型量化表征 [J]. 公路工程, 2021, 46(1): 57–62.

[91] MAO Y, LIU J, SHI C. Autogenous shrinkage and drying shrinkage of recycled aggregate concrete: A review[J]. Journal of Cleaner Production, 2021, 295:126435.

[92] BAO J, YU Z, WANG L, et al. Application of ferronickel slag as fine aggregate in recycled aggregate concrete and the effects on transport properties[J]. Journal of Cleaner Production, 2021, 304: 127149.

[93] AKONO A T, ZHAN M, CHEN J, et al. Nanostructure of calcium–silicate–hydrates in fine recycled aggregate concrete[J]. Cement and Concrete Composites, 2021, 115: 103827.

[94] COLANGELO F, PETRILLO A, FARINA I. Comparative environmental evaluation of recycled aggregates from construction and demolition wastes in Italy[J]. The Science of The Total Environment, 2021, 798: 149250.

[95] YANG S, LEE H. Drying shrinkage and rapid chloride penetration resistance of recycled aggregate concretes using cement paste dissociation agent[J]. Materials, 2021, 14(6): 1478.

[96] 陈宇良, 李玲, 陈宗平, 等. 再生混凝土三轴受压力学性能试验研究 [J]. 工程力学, 2015, 32(7): 56–63.

[97] SUESCUM–MORALES D, KALINOWSKA–WICHROWSKA K, FERNÁNDEZ–RODRIGUEZ J M, et al. Accelerated carbonation of fresh cement–based products containing recycled masonry aggregates for CO_2 sequestration[J]. Journal of CO_2 Utilization, 2021, 46: 101461.

[98] CABRERA M, LÓPEZ–ALONSO M, Garach L, et al. Feasible use of recycled concrete aggregates with alumina waste in road construction[J]. Materials(Basel, Switzerland), 2021, 14(6): 1466.

[99] POLISSENI A E, JACINTO C, OLIVEIRA T M, et al. Characterisation and life cycle assessment of pervious concrete with recycled concrete aggregates[J]. Crystals, 2021, 11(2): 209.

[100] 龚亦凡, 陈萍, 张京旭, 等. 废弃橡胶颗粒对再生骨料砂浆技术性能改良 [J]. 硅酸盐学报, 2021, 49(10): 2305–2312.

[101] SHAHBAZPANAHI S, TAJARA M K, FARAJ R H, et al. Studying the C–H crystals and mechanical properties of sustainable concrete containing recycled coarse aggregate with used nano–silica[J]. Crystals, 2021, 11(2): 122.

[102] MARTÍNEZ–GARCÍA R, JAGADESH P, BÚRDALO–SALCEDO G, et al. Impact of design parameters on the ratio of compressive to split tensile strength of self–compacting concrete with recycled aggregate[J]. Materials, 2021, 14(13): 3480.

[103] MORA–ORTIZ R S, ANGEL–MERAZ E D, DÍAZ S A, et al. Effect of pre–wetting recycled mortar aggregate on the mechanical properties of masonry mortar[J]. Materials, 2021, 14(6): 1547.

[104] LIU C, XIAO J, XU X, et al. On the mechanism of Cl–diffusion transport in self–healing concrete based on recycled coarse aggregates as microbial carriers[J]. Cement and Concrete Composites, 2021, 124: 104232.

[105] KAUR G, PAVIA S. Durability of mortars made with recycled plastic aggregates: Resistance to frost action, salt crystallization, and cyclic thermal moisture variations[J]. Journal of Materials in Civil Engineering, 2021, 33(2): 04020450.